めざせ月商 **100** ^{万円}

YouTube で
稼げる本

YouTube運営者向けスクール主催

たっしー [著]

はじめに

　この本を読んでいるあなたは「副業で収益の柱を増やしたい」「広告収益を得て経済的自由を手に入れたい」「会社から独立して自分らしく生きたい」「YouTubeが凄いのは知ってるけど、顔や声は出したくない」と思って本書を手に取っているかもしれません。

　筆者も同じ気持ちでYouTubeの世界に飛び込みました。そして今、YouTubeを始めて約2年で理想の生活を手に入れています。

　はじめまして。

　顔出しなしのYouTubeチャンネルを複数運営しながら、YouTube運営コンサルティングや個人向けYouTubeスクールを運営している「たっしー」と申します。コンサルティングではクライアントの収益化率95%以上を達成、個人で最大月商4,000万円を達成し、スクールでも多くの人の収益化をサポートしてきました。他に、顔出しなしジャンルの台本制作者および動画編集者を育成する講座も運営しており、多くの実績者が出ています。

　筆者は、今でこそ自社チャンネル運営やYouTube運営サポートで結果を出していますが、最初は6チャンネル連続で失敗しています。動画を何本投稿してもほとんど伸びなかった時代が1年以上続きました。今、過去の動画を見返すと「ここがダメ」という点をすぐに見抜けますが、当時はまったくわかりませんでした。

　諦めの悪い筆者は勉強と研究を重ね、実践の中でノウハウを確立していき、再現性高く収益化するための戦略を練り上げました。

実践の過程で「顔も声も出さずにプライバシーを守った状態」で運営する方法に魅力を感じ、顔出しなしのジャンルに特化することを選択。それ以降は大きな失敗なく右肩上がりで収益が拡大し、各チャンネルで安定して数十万円から数百万円の利益を出せています。本書では、その戦略を余すことなく公開していきます。

　これまでコンサルティングやスクールで延べ数百人をサポートしてきた結果、「初心者はYouTube運営のどこでつまづくのか、どこで悩んで何をキッカケに大きく伸びるのか」が言語化できるようになりました。本書ではこの経験を活かし、初めての人でも理解しやすく説明することに心を砕いて作成しています。
　ただの「抽象的な運営方法を学ぶだけのビジネス本」にしたくなかったので、具体的な台本作成のノウハウや動画編集方法にも触れています。多くのYouTube関係書籍では「YouTubeの運営方法だけ」を解説していて、具体的手法は別で学ぶ必要があります。本書は、これ一冊で網羅できる内容になっています。
　やることは多くなりますが、あなたが最短ルートを通るための手助けになると確信しています。

　あなたが手に入れたい理想の未来はなんですか？
　そのことを具体的に思い浮かべながら本書を読み進めていただければ幸いです。顔出しなしYouTubeの世界に飛び込みましょう。

2024年4月

たっしー

CONTENTS

はじめに ……………………………………………………………………… 3

Chapter 1 YouTubeで顔出しなしで稼ぐ

1-1 属人性のあるチャンネル、属人性のないチャンネル ……………… 12
- 画像・映像・文字・ナレーションだけで完結する動画
- 分析とリサーチでチャンネルを伸ばす

1-2 非属人性YouTubeのメリット ……………………………………… 15
- 顔出しなしYouTubeは圧倒的に伸ばしやすい
- 顔出しなしYouTubeが伸ばしやすい3つの理由
- 顔出しなしYouTubeが伸びる2つの根拠

Chapter 2 稼げるジャンルの探し方

2-1 非属人性YouTubeで稼げるジャンル概論 ………………………… 26
- ジャンル選びの目的や注意点
- 非属人性YouTubeで稼ぎたいならレッドオーシャンに参入せよ
- 広告収入を増やしたいなら「高齢層向け」に「長尺動画」を作ろう
- 実際の非属人性YouTubeのジャンル

2-2 稼げるおすすめジャンル ……………………………………………… 33
- ゆっくり解説ジャンル
- 2ch系ジャンル
- ずんだもん解説
- 朗読、ハイクオリティ映像解説、VYONDアニメ系

2-3 稼げるジャンルの探し方 …………………………………………… 41
- 「良いジャンル」を探す
- ❶ YouTube検索で探す
- ❷ 急上昇から探す
- ❸ ブラウジング機能から探す
- ❹ 関連動画から探す
- ❺ YouTubeの外で探す

Chapter 3

アルゴリズムを理解して YouTube で伸びる仕組みを知る

3-1 アルゴリズムが存在する理由 ································· 56
- なぜ動画がバズるのか
- なぜアルゴリズムを学ぶ必要があるのか、アルゴリズムを学ばないとどうなるか

3-2 YouTube が重要視している項目 ························ 62
- YouTube アルゴリズムは公開されていない
- 「視聴時間」と「エンゲージメント」
- クリック率（CTR）　● 視聴者の「視聴履歴」と嗜好
- 動画の映像や音声が重要　● キーワードとタイトル
- チャンネルの信頼性とパフォーマンス

Chapter 4

成功チャンネルに学ぶ競合リサーチ

4-1 成功しているチャンネルを探す ························· 68
- ジャンル内チャンネルの探し方

4-2 利益を出せているか❶ 売上が立つか ················ 70
- 売上が立つか　● 広告単価
- 月間売上の計算方法

4-3 利益を出せているか❷ 費用はどの程度必要か ············ 77
- ❶ ランニングコスト（月間外注費用）
- ❷ イニシャルコスト（黒字化するまでの費用）

4-4 再現性が高いか ·· 82
- ❶ 現在のYouTube市場で再現可能性は高いか
- ❷ 自分の状況で再現可能性が高いか

4-5 競合チャンネルの再現❶ ベンチマークを決める ············ 86
- ❶ ベンチマークチャンネルとその他競合チャンネルを決める

4-6 競合チャンネルの再現❷ ベンチマークチャンネルを分析する ·· 91
- ❶ ベンチマーク運営者の思考の流れ分析
- ❷ ベンチマーク視聴者の分析

4-7 競合チャンネルの再現❸ その他競合チャンネルを分析する ····· 98

4-8 競合チャンネルの再現❹ 伸びていないチャンネルを分析する ··· 99

Chapter 5

視聴者をひきつけるチャンネル設計

5-1 チャンネル設計の手順 ………………………………………………… 102
- チャンネルを言語化する
- ❶ チャンネルコンセプトを決める
- ❷ 視聴者理解を深める、視聴者のニーズを考える
- ❸ その他の要素を決める

5-2 チャンネルコンセプトを形にする ………………………………… 110
- 「世界観」のつくりかた　　● チャンネル制作
- どんなフォーマットで動画を制作するか

5-3 チャンネル設計のセルフチェック ………………………………… 116
- チャンネル設計のセルフチェック

5-4 チャンネル設計後の戦略 …………………………………………… 119
- ❶ チャンネル立ち上げ初期
- ❷ ブラウジング開放期
- ❸ 爆発期

5-5 登録者数は多いほうが良いのか ………………………………… 123
- 登録者数が増えると難易度が上がる

Chapter 6

魅力的なサムネイル・タイトル作り

6-1 サムネイルを考えてみよう ………………………………………… 126
- サムネイルを極めればYouTubeの難易度は下がる
- サムネイルをどう改善するべきなのか

6-2 サムネイル力を磨くデザインの4つの基礎 ❶ デザイン ………… 128
- デザインは知識でカバーできる
- デザイン　　● 近接　　● 整列
- 反復　　● 強弱　　● 視線の動きを意識する
- Z字　　● N字　　● F字
- YouTubeのサムネは「Z」と「F」

6-3 サムネイル力を磨くデザインの4つの基礎 ❷フォント ………… 139
- ゴシック体と明朝体　　● おすすめのフォント
- おすすめゴシック体　　● おすすめ明朝体
- その他のフォント　　●フォントを選択する際のコツ

6-4 サムネイル力を磨くデザインの4つの基礎 ❸色 ·············· 148
● 配色法・色彩心理　　● 明度と彩度

6-5 サムネイル力を磨くデザインの4つの基礎 ❹キャッチコピー ··· 153
● 数文字でクリック率が劇的に変化　　● YouTubeのバズワード

6-6 良いサムネイルとは ·· 157
● 再生時間を稼ぐサムネイル　　● サムネイルから作る
● 良いサムネイルの条件

6-7 サムネイル作成力が爆上がりする練習法 ·················· 163
● 模写から入る

6-8 タイトルを考えてみよう！ ···································· 165
● 動画検索の大事な要素
● 検索重視のタイトルでは重要キーワードを前に
● サジェストキーワードの調査
● おすすめされるようになったらクリックワードを意識したタイトルに

Chapter 7

動画の維持率を高める台本制作

7-1 台本のクオリティとは ·· 170
● YouTube動画のクオリティとは

7-2 台本制作の基本 ··· 172
● ❶ テーマを決める
● ❷ 構成を考える
● ❸ 情報を箇条書きで書き出す
● ❹ 詳細を書き加える
● ❺ 肉付けをする
● ❻ 添削をする

7-3 YouTubeで使える構成の型 ·································· 180
● PREP法　　● SDS法
● 三幕構成　　● 四幕構成
● PASONAの法則

7-4 台本制作で使える心理学 ·· 184
● 第一印象　　● カリギュラ効果
● バンドワゴン効果　　● フレーミング効果
● ゴール効果

7-5 台本力の鍛え方 ··· 188
● ライティングはあらゆる仕事に役立つ
● 自チャンネルの動画分析

Chapter 8
離脱されない・台本を活かす動画編集

8-1 動画作成の流れ ··· 194
- 動画編集ソフトと素材の準備
- 台本を読み込んで音声、テロップを表示させよう
- 台本の準備　• CSV ファイルの読み込み
- 発音を修正しよう　• キャラクターを表示させよう
- 画像素材を取り込んでみよう　• 映像素材を取り込んでみよう
- テキストを挿入してみよう　• 図形を挿入してみよう
- エフェクトを適用してみよう　• BGM・SE を挿入してみよう
- 動画の保存　• 動画ファイルの書き出し

8-2 画角を構成し世界観を作ろう ··························· 207
- ゆっくり解説系の画角　• 2ch 修羅場系の画角
- 2ch 馴れ初め系の画角　• 朗読系の画角

8-3 テロップを入れてみよう ································· 213
- 効果的なテロップは視聴者の離脱も防げる

8-4 BGM や SE をつけよう ···································· 217
- 音声の基礎知識　• 音量調整の仕方
- ダウンロードする場所　• BGM の利用規約を必ず確認する
- 非属人性 YouTube で使われる BGM の特徴　• オススメの BGM サイト
- SE の 3 つの役割　• おすすめの SE サイト

Chapter 9
チャンネルを成長させる
アナリティクス分析

9-1 アナリティクス分析❶ チャンネルの健康状態 ············· 222
- アナリティクス分析とは　• ゾーン状態
- 健康状態　• 感染状態

9-2 アナリティクス分析❷ 視聴者属性 ······················ 225
- 健康診断に必要な「視聴者属性」

9-3 アナリティクス分析❸ チャンネル全体のアナリティクス ··· 228
- チャンネル全体のアナリティクス
- 「リアルタイム」と「最新コンテンツ」
- 概要　• コンテンツ
- 視聴者　• 動画ごとのアナリティクス
- 絶対に使ってほしい「詳細」モード

Chapter 10 外注して時間と収入を増やす

10-1 外注化の全体像を知ろう ……………………………………………… 242

- 外注化全体の流れ
- ❶ 動画制作工程を分割する
- ❷ マニュアルを作成する
- ❸ 採用で使うサービスを決め、募集を開始する
- ❹ 募集、採用する
- ❺ 管理、委託する

10-2 外注マニュアルを作って品質を管理しよう ……………………… 256

- 外注マニュアルの役割
- ❶ 運営者の意図や求めるレベルを伝える
- ❷ ワーカーを育てる

10-3 ツールとルールでチームを管理しよう ………………………… 262

- ❶ 契約書
- ❷ チャットツール
- ❸ 通話アプリ
- ❹ 管理表
- ❺ クラウドストレージ
- ❻ ルールを言語化したマニュアル

Chapter
1

YouTubeで
顔出しなしで稼ぐ

YouTubeで顔出しなし、声出しなし、身バレなしで、どのようにして収益を得るかについて解説します。YouTubeの全体像、顔出しなしYouTubeの強みや戦い方を知ることで、具体的に未来のイメージができるようになります。あなたの人生の転機となるかもしれないYouTubeでの稼ぎ方を紹介します。

1-1　属人性のあるチャンネル、属人性のないチャンネル

🔔 画像・映像・文字・ナレーションだけで完結する動画

　この文章を読んでいるあなたは、「YouTubeで大きな収入を得る方法がある」と思って本書を開いていると思います。

　でも、同時にこんな悩みを持っているかもしれません。

　「レベルの高いトーク力やリアクション力は無いけど大丈夫だろうか」

　「ファンを獲得しようと思ったら見目麗しいルックスが必須なんじゃないだろうか？」

　実はこの悩み、すべて不要です。

　筆者や筆者の周りのYouTube運営者で、トーク力やルックスを売りにしている人はいません。

　顔も声も出さずにチャンネルを運営しているからです。

　YouTubeに動画をアップロードして収入を得ているという点では共通しているのですが、そこには自分どころか人そのものが出てきません。

　イメージとしては、テレビアニメや人の出てこないVTR映像が近いですね。

　画像・映像・文字・ナレーションだけで完結する動画です。

　人が出ていて、トーク力やルックスが必要なジャンルを、筆者は「属人性YouTube」と呼んでいます。

　それに対して人が出てこないジャンルは「**非属人性YouTube**」（**顔出しなしYouTube**）です。

▶ **属人性YouTubeと非属人性YouTube**

属人性YouTube

非属人性YouTube

🔔 分析とリサーチでチャンネルを伸ばす

筆者が運営しているチャンネルのほとんどは非属人性YouTubeです。

必要なのは「**分析力**」と「**リサーチ力**」。

YouTubeで収益を得ようと思う人の多くは、次のような問題に直面するのではないでしょうか。

「登録者をどのように増やしていけばいいかわからない」

「登録者はいるけど、どのように再生数を伸ばしていいかわからない」

なぜこんな悩みを抱えてしまうのでしょうか。

答えは簡単です。

「**自分の頭だけで考えているから**」です。

：人気YouTuberの真似は再現性がない

多くのYouTuberは「自分の得意なこと」や「面白いと思うこと」を動画にして伸びるのを待ちます。あるいは人気YouTuberの動画をマネして、同じように伸びることを夢見ます。

運が良ければ伸びますし、悪ければ100再生に到達しないような失敗動画を量産することになります。

そういう「名もなきYouTuber」がたくさんいますよね。

伸びるかどうかは、ある意味「神頼み」です。この方法では失敗する確率が高いものです。

なぜなら、自分にファンが付いたり、伸びた YouTuber のマネをしたりしてチャンネルを伸ばすことは「再現性のない方法」だからです。

　その点、非属人性 YouTube 運営は真逆です。

　非属人性 YouTube の世界は再現性が命です。

　本質的なリサーチ力や分析力を鍛えて「市場で受けている動画」を作り、再生数を伸ばします。

　再生数を伸ばせば自然と登録者は増えていくので、登録者数で悩む心配もありません。

▶ 再現性が高い方法でチャンネルを伸ばす

頭の中だけで考える　　　　市場からつくる

結果…再現性が低い　　　結果…再現性が高い

属人性 YouTube　　　非属人性 YouTube

　「今どんな動画が人気なの？」「長く再生される動画にはどんな理由があるの？」これらをリサーチし、分析して答えを出します。

　筆者のクライアントは95％が収益化しています。そのうち50％は月商100万円を達成しています。

　「立ち上げるチャンネルはすべて収益化しています」というクライアントも複数名います。

　この話を聞くと「そんなの嘘だ」「収益化は難しいと聞いている」と思うかもしれませんが、事実です。

　本質的なリサーチ力と分析力があれば、非属人性 YouTube の世界で何度も収益化をすることが可能です。

🔔 顔出しなし YouTube は圧倒的に伸ばしやすい

　顔出しなしの YouTube 運営がおすすめな理由の1つは、シンプルに**チャンネルを伸ばしやすい**点です。

　顔を出しているチャンネルと比べると、顔出ししないチャンネルの方が圧倒的に伸ばしやすいです。

∷ 人気 YouTuber になるには「タレント性」が必要

　「有名 YouTuber ってみんな顔出ししてるじゃん」と思うかもしれません。

　確かに、顔を出している YouTuber の方が、有名な人が多いです。

　でもそれは、彼らに**タレント性**があるからですよね。

　例えば、イケメンの人気 YouTuber と同じことを、普通のルックスの人がやってもチャンネルは伸びません。

　HIKAKIN さん（@HikakinTV）のように顔の表情が面白い人の動画が伸びているからといって、HIKAKIN さんの真似をして筆者が明日から YouTuber をやったら、同じようにチャンネルが伸びるでしょうか。

　多分、難しいですよね。

　なぜ顔出し YouTube は伸ばしにくいかというと、理由は主に「**ルックスを変えるのは難しい**」「**権威性が必要**」の2つです。

∷ 理由❶　ルックスを変えるのは難しい

　生まれ持ったルックスを変えるのはどうしても難しいものがあります。

　整形して可愛くなって有名になった YouTuber もいます。表情筋を鍛える

15

など、やりようはあるかもしれません。

　しかし、基本的に持って生まれたルックスを変えるのには、あまりにもコストと時間がかかるわけです。

：理由❷　権威性が必要

　顔出し・声出しありのYouTuberは「**権威性**」があるから人気がある場合が多いのです。

　例えばマコなり社長（@makonari_shacho）のチャンネル。マコなり社長は起業経験があって、実際に社長をしているからこそ、彼がチャンネルで語る言葉には説得力があります。

　仮にチャンネルの演者のルックスが良くても、起業経験もなく社長でもない人では、マコなり社長のように人気は集まらないでしょう。その人が誰で、語っていることに信憑性があるかどうかは、インターネットで調べれば、すぐわかる時代ですからね。

　同様に、YouTube講演家として著名な鴨頭嘉人さん（@kamohappy）のチャンネルが人気なのも、講演家としての長い経歴と、話し方の学校の講師としてのしっかりした経験があるからです。

　話し方の学校を創業して運営する人が、顔と声を出して自分でYouTubeをやっていて実際に話が面白いから、信憑性と信頼感が生まれて、権威性も生まれ、ファンが集まるわけです。

▶ 人気YouTuberはすぐには真似できない

ルックスがいいから
人気が出る

キャーッ　キャーッ

権威性を高めて
ファンを増やす

すぐには真似できない

🔔 顔出しなし YouTube が伸ばしやすい 3つの理由

　顔出しなし YouTube は、伸びているチャンネルの成功事例を研究して真似をしていけば、比較的簡単に伸ばせます。

　演者のルックスがよくなくても、素敵なキャラを使えばいいですし、喋りがうまくなくても機械音声（読み上げソフト）を使えばいいのです。

　プロのカメラマンのように上手く撮影ができなくても、スマホで日常生活を撮って Vlog（動画版ブログ）にすることはできますよね。

　顔出しあり・声出しありの YouTube 運営に比べると、圧倒的に少ないコストと時間で動画が制作できます。

　そして、普通の人でも運営できるのです。

　顔出しなし YouTube が伸びる理由は3つあります。「**視聴者の需要に合わせて動画を制作できる**」「**視聴者維持率が高い**」「**真似がしやすい**」です。

　これはとても重要です。この3つの理由をきちんと理解してから、顔出しなし YouTube への参入を決めてくださいね。

： 理由❶　視聴者の需要に合わせて動画を制作できる

　人気 YouTuber の真似が難しいことは説明しました。

　しかし、**顔出しなし YouTube は、人気がある顔出しなし YouTube チャンネルの真似をするだけで伸びます**。

　なぜなら、顔出しなし YouTube の視聴者は動画のテーマに興味を引かれて見ているからです。

　「お菓子のゆっくり解説チャンネル」が伸びている場合、視聴者はお菓子についてのお喋りを聞いて雑学博士になりたいといった動機で動画を見ています。「ママ友スカッと系の LINE 動画」が伸びている場合、視聴者はスカッとする話を聞いてストレス解消したい、などという動機で見ています。

　つまり、動画のネタと作りが面白いから見に来ているわけです。好きな特定の YouTuber を見に来ているわけではありません。

　そのため、顔出しなし YouTube 運営は、伸びている動画のネタと作りを真似したら伸びるわけです。

視聴者が求めている動画を投稿するというのは、YouTubeで成功するためには必須の要素ですが、顔出しなしYouTubeだと、それがやりやすいということなんですね。

▶ **顔出しなしYouTubeは真似することでチャンネルが伸びる**

：理由❷　視聴者維持率が高い

　YouTubeは、民放のテレビ局やラジオ局と同じく、スポンサーの広告で成り立っているメディアです。そのため、動画の視聴時間は長ければ長いほどいいわけです。視聴時間が長ければ、それだけ多く広告が再生されて、広告収入が増えますからね。

　逆に、視聴時間が短ければ広告の再生回数も減り、広告収入も減ってしまいます。

　視聴者としてYouTube動画を見ていると広告が表示されます（YouTube Premium会員を除く）。それは、スポンサー企業がYouTubeにお金を払っているということです。スポンサーがお金を出してくれているおかげで、視聴者は無料で動画を見ることができるわけです。

　「**視聴者維持率**」というのは、1本の動画でどれだけ視聴者を滞在させたか、視聴を維持できたかを示す指標です。

　例えば、1時間の動画で視聴者維持率が50％であったとしたら、視聴者が見た時間は平均して30分だったという意味です。

▶ 視聴者維持率

1 時間（60 分）の動画

私でも
作れそう!!

視聴者維持率
50%

視聴者が見た時間を
平均すると
→

視聴時間
30 分

おすすめ動画に表示されるのは視聴者維持率70%の動画

　もし、同じ日に投稿された1時間の動画が3本あったとします。1つは視聴者維持率70%、1つは50%、1つは30%と仮定します。

　この場合、YouTubeは視聴者維持率70%の動画を優先的に「おすすめ動画」として表示します。視聴者維持率30%の動画はおすすめしません。

　視聴者としてYouTubeへアクセスすると、さまざまなおすすめの動画が表示されます。

　動画視聴中も、コンピューターのブラウザであれば画面右側、スマホのYouTubeアプリであれば画面下の方におすすめの動画が表示されます。おすすめ動画は、ログイン中のユーザーの視聴履歴などを元にYouTubeアルゴリズムが表示する内容を決めています。そこに表示されるのは視聴者維持率70%の動画なのです。

演者の見た目が視聴者維持率に強く影響

　視聴者維持率は、顔出しYouTubeに比べると、顔出しなしYouTubeの方が高い傾向にあります。どうしてそうなるのか説明していきます。

　顔出しYouTubeの場合、出ている人の見た目が好きか嫌いかが、視聴者が動画を見続けるか離脱するかに大きく影響します。

「中田敦彦のYouTube大学 - NAKATA UNIVERSITY」（@NKTofficial）はビジネス系の動画で有名です。いつもビシっとスーツ姿で決めています。

中田さん曰く、YouTubeで動画配信を始めた当初は、ラフな革ジャンなどを着て出ていたそうです。そしてその時は、視聴者維持率がボロボロだったとのこと。ラフな革ジャン姿の方が、お笑い芸人時代の中田さんのイメージに近いと思うのですが、視聴者維持率は悪かったわけです。

話題がビジネス系なので、スーツ姿のできるビジネスマンスタイルにしたら、維持率が劇的に改善したそうです。

プロの芸人ですら服装1つで視聴者に離脱されてしまうのです。それほど、YouTubeの視聴者は見た目に厳しく、顔出しで視聴者をキープするというのは難しいといえます。

動画のネタに興味を持って視聴開始しても、演者の見た目が好きになれなかったら、その人が話し始める前に視聴者は離脱するでしょう。芸能人ですらそうなので、一般人であれば一層視聴者を維持するのは難しいわけです。

顔出しなし動画は見た目による離脱が少ない

動画を再生した直後の1秒2秒で離脱する人はたくさんいます。しかし、顔出しなしYouTube動画の場合、離脱率は一気に下がります。

見た目で判断されることがないからです。

ゆっくり解説動画をクリックした視聴者は、これから見るのはゆっくり解説で、出てくるのは霊夢と魔理沙だと知っているため、動画再生開始後も多くの人は視聴を継続します。1秒2秒で離脱する人はほとんどいません。

漫画やアニメ系動画も同様です。

朗読系動画のように人間の声を使うジャンルで、朗読者の声が嫌いという理由で即離脱する人もいますが、演者の見た目の好き嫌いは声の好き嫌いに比べると圧倒的に影響力が強く、顕著に数字に現れます。

▶ **顔出しなし動画は見た目による離脱が少ない**

最初の30秒の視聴者維持

　YouTubeでは、**動画の最初の30秒の視聴者維持が重要**と言われています。冒頭の30秒で高い維持率を出せれば、31秒以降も維持率を保てると言われているのですね。

　最初の30秒の平均視聴者維持率も、顔出しありとなしで大きく差があります。顔出しなし動画は、顔出しありの動画に比べて最初の30秒の維持率が圧倒的に高いのです。

：理由❸　真似がしやすい

　人気YouTuberの動画を真似してチャンネルを伸ばすのは困難です。人気YouTuberチャンネルを見る視聴者の多くはYouTuber自身のファンであり、その動画を模倣したところで、決して見てはくれません。

　しかし、顔出しなしYouTube運営では、人気チャンネルを100％模倣できます。

　ここで「できる」というのは、法的に許されるという意味ではなくて、技術的に可能という意味です。もし完全な模倣動画を作って公開した場合、著

作権問題になります。

　技術的に100％真似ができるということは、ちょっと背伸びすればオリジナルを超える良いものも作ることができるということです。

　ルックスに自信がなくても、喋りが下手でも、撮影が苦手でも、権威性がなくても、顔出しなしYouTubeであればすごく伸びている超一流の顔出しなしYouTuberの真似をして、それと同じかそれ以上のクオリティーの動画が制作できてしまうわけです。

▶ **顔出しなしYouTubeは真似しやすい**

： 顔出しなしYouTubeは「再現性が高い」

　「顔出しなしYouTubeが伸ばしやすい3つの理由」をまとめると、顔出しなしYouTubeは「**再現性が高い**」ということになります。

　YouTubeでお金を稼ぐということは、趣味ではなくてビジネスとして行うわけです。

　ビジネスにおいて再現性の高さは重要です。

　人気YouTuberのチャンネルや動画を再現するのは至難の業ですが、顔出しなしYouTubeは読み上げソフトや取り扱うネタも一般的なものが多いので、成功している動画を再現することが比較的容易です。

筆者は人気 YouTuber のようなカリスマ性があったり、外見が優れていたりはしていませんが、顔出しなし YouTube チャンネルをいくつも作って成功しました。一般人でも成功できることこそ、再現性が高いことの証左に他成りません。

🔔 顔出しなし YouTube が伸びる 2 つの根拠

こういう話をすると「再現性が高いということは普通の人でも作れる、誰でもできるということなので、市場がすぐ飽和状態になるのでは？」と言う人がいます。

伸びているチャンネルを真似して、簡単に同じ数字を再現できるのであれば、参入する人がどんどん増えて、すぐに飽和するのではないか。これから参入するのは遅いのではという事ですよね。もっともな質問です。

しかし、これからなお、顔出しなし YouTube 運営が伸びる根拠を 2 つ紹介します。

∴ 根拠❶　YouTube 全体の収益が増大している

筆者は 2020 年頃から活動を始めましたが、そのころも「YouTube はオワコン」だと言われていました。もっというと、そのずっと前から言われていたんですよね。

TikTok など他の動画メディアも出てきています。YouTube はもう伸びない、飽和状態だろうと予測する人がいてもおかしくはありません。

実際は、YouTube の広告収入は毎年最高額を更新しています。2022 年は 2021 年の記録を上回り、3 年前の 2019 年と比べるとほぼ倍増しています。筆者が運営してるチャンネルの広告収入も、3 年前に参入したころに比べると 10 倍になっています。

また、筆者は YouTube コンサルタントもしていて多くのクライアントがいますが、クライアントの平均収入もうなぎのぼりです。

「YouTube はオワコン」論を尻目に、むしろ顔出しなし YouTube はどんどん稼ぎやすくなってきています。

ちゃんと数字を見て、チャンスを掴みたいと思う人には絶対に掴んで欲しいと思います。

：根拠❷　RPMが上がっている

RPM（Revenue per Mille）とは、動画1,000回視聴あたりのYouTube
の広告収入です。

RPMが上がれば、YouTubeの広告収入単価が上がるので、クリエーター
の広告収入単価も上がります。

筆者の周辺で、8年前にYouTubeに参入して収益を得ている人の話を聞
くと、8年前は1万再生あたりのRPMは2,000円前後だったそうです。

今の1万再生あたりのRPMは、最低が2,000円、最高で9,000円くらい
まで上がっています。

企業広告がテレビなどの媒体からネットに移っていることなどを背景に、
YouTube広告の価値が上がっているためです。

：ライバルは多いが、すぐに撤退する人も多い

「いや、ライバルは増えているでしょう。しんどいでしょう」と聞いてく
る人がいます。ライバルは、確かに増えています。ですが、すぐに消えてい
く人がほとんどです。

筆者は3年間顔出しなしYouTube運営と、コンサルを掛け持ちしてやっ
てきました。100人参入したら、80人から90人は2〜3か月後にはいま
せん。やめています。だから、ライバルが増えても関係ないんですよ。継続
できる人は、10%くらいしかいないのです。

YouTubeの広告収入は増大を続けていて、なおかつRPMも向上していま
す。これが、YouTube自体がまだまだ「伸びている媒体」である証拠です。
そこに、**再現性の高い顔出しなしYouTubeチャンネル運営で参戦すれば、
稼げる可能性は飛躍的に高まります。**

あなたも、伸びるジャンルを選んで参入して、伸びているチャンネルの真
似をして、真面目に継続していけば、必ず稼げます。そして必ず勝ち続けら
れます。

「継続は力なり」ということわざがありますけど、まさにその通りなんで
すね。

Chapter 2

稼げるジャンルの探し方

非属人性YouTube運営で稼ぎやすいジャンルについて解説します。現在稼げるジャンルはもちろん、今後状況が変わっても自分で調べられるように、ジャンルの調べ方についても解説します。

2-1 非属人性YouTubeで稼げるジャンル概論

🔔 ジャンル選びの目的や注意点

　非属人性YouTube運営（顔出しなしYouTube）で稼ぎたい人に最初に立ちはだかる壁は「**ジャンル選び**」です。

　一方で、顔出しなしYouTube最大のメリットは「自分でジャンルを選べること」でもあります。

　顔出しなしYouTubeには次のように流行のジャンルがあります。

2017年ごろ：文字スクロール
2018年ごろ：漫画動画、アニメ系動画
2019年ごろ：LINEスカッと、VYONDスカッと
2020年ごろ：ゆっくり解説
2021年ごろ：2ch系動画
2022年ごろ：アニメコント
2023年ごろ：ずんだもん

　約1年ごとに新しい非属人ジャンルが生まれており、直近3〜5年以内くらいであればどのジャンルでも戦えるチャンネルを作れます。

　今このタイミングにも新たなジャンルが生まれている可能性があるので、具体的なジャンルを紹介する前に「ジャンル選びの目的や注意点」を解説します。

∴ 稼げるジャンルを探す

非属人性YouTubeチャンネルを運営する目的は「稼ぐため」です。投稿した動画で再生数を伸ばして広告収入を得る。これが最大の目的です。

なのでジャンル選びの際は、次の2点を考えながら選びます。

- ● 稼げるジャンルを探す
- ● そのジャンルで再生数を伸ばせるかを検討する

「稼げるジャンル」の条件は次の2つです。

- ❶ 再生数が伸びるネタが多くあること
- ❷ より単価の高い広告がより多く表示されること

それぞれ説明しますね。

🔔 非属人性YouTubeで稼ぎたいなら レッドオーシャンに参入せよ

「❶再生数が伸びるネタが多くあること」は「すでに市場があり再生数が取れているライバルがいる」という意味です。

「非属人性YouTubeではブルーオーシャン（ライバルがいない、もしくは少ないが伸びる市場）に参入するのが良いんですか？」と質問されることがあります。答えはNOです。

非属人性YouTubeでは**競合ひしめくレッドオーシャン**に参入するのが正解です。意外かもしれませんが**YouTubeはライバルが多い方が再生されやすい**のです。

ライバルが多い業種には参入しない方が良いというのが一般的でしょう。競合が少ないところ、ブルーオーシャンを探して参入するのが成功の鉄則のように語られます。

もちろん間違いではないのですが、YouTubeでは逆です。伸びているチャンネルが多いレッドオーシャンの方が再生されやすいんですね。

：競合が多いジャンルは関連動画に載りやすい

理由は「関連動画があるから」です。YouTubeで動画を視聴すると、同じページにサムネがズラッと並んでいますよね。これが関連動画です。

視聴者は、自分が今見た動画の関連動画をたどって、視聴を繰り返します。YouTubeのAIは視聴者を離すまいと、関連性の高い動画を表示して引き止めます。

逆に、伸びているチャンネルが多い、ライバルが多いジャンルは、視聴者も多いということです。

伸びているチャンネルが少ないジャンルは、視聴者が少ない可能性が高いです。

飲食店を始める場合、競合ひしめく大都会の駅前と田んぼや畑ばかりの田舎、新規出店するとしたらどちらの成功確率が高いでしょうか。

大都会の駅前にはたくさんライバルがいますが、どの店も高い売り上げを出しています。一方、田舎には店が一軒しかありませんが、その店はそれなりに売上があるとします。

初心者は「田舎にはライバルが一軒しかなくて売上もある。自分が出店したら同じくらいの額を稼げるはずだ」と思うかもしれません。

しかし実際は、需要がそれほど多くない場所への出店は、失敗するケースが多いです。そういった場所でそこそこの売上がある店は、例えばその店が代々続く地元民に愛されていて、旅行のガイドブックにも載っているような有名店だったりします。田舎で繁盛しているのは大体そういう店ですよね。

▶ 初心者はレッドオーシャンを狙うべき

ブルーオーシャン

視聴者が少ない
成功率が低い

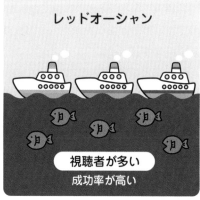

レッドオーシャン

視聴者が多い
成功率が高い

YouTubeでも同じことが起こります。ブルーオーシャンに見えて、実は市場が小さいだけということです。

YouTube運営に慣れてきたら、本物のブルーオーシャンを見つけられるかもしれません。しかし、初心者であれば確実に市場のあるレッドオーシャンに入ることをおすすめします。

🔔 広告収入を増やしたいなら「高齢層向け」に「長尺動画」を作ろう

「**❷より単価の高い広告がより多く表示されること**」について解説します。

チャンネルが収益化すると、動画に広告を表示することが可能になります。表示された広告が視聴者の目に触れると収益が発生するのですが、収益の額は次の2つの要素によって決まります。

❶ **表示された広告の単価**
❷ **広告が表示された回数**

「表示された広告の単価」は複雑なのですが、ここではざっくりと「**視聴者が高年齢であれば単価が高く、低年齢であれば低い**」と考えてください。

広告単価の高いジャンルをいくつか紹介します。

- **不動産投資**
- **生命保険**
- **車**

いずれも大きなお金が動いている市場ですね。こういった市場は、可処分所得の多い高齢層をターゲットにしている企業が多いです。そのため、視聴者が高齢だと広告単価も必然的に上がるというわけです。

実際はそう単純ではありませんが、傾向として広告単価は視聴者の年齢に比例することが多いので、そのように理解して概ね大丈夫です。

「広告が表示された回数」は「**長尺の動画が有利**」と考えてください。

広告の表示回数は、平均視聴時間が長いほど増える傾向にあります。筆者

が運営しているチャンネルのデータを見ると、1動画の広告表示回数は1～3回程度が多いです。

　この回数が非常に重要です。広告表示回数が1回の動画と3回の動画では収益が3倍変わってしまう可能性があるからです。

　もちろん、厳密にはそう簡単な計算ではありません。傾向として「広告表示回数と収益は比例関係にある」ととらえてください。

　動画に広告が表示されるタイミングは、大きく分けて次の3つです。

> ❶ 動画が始まる前
> ❷ 動画の最中
> ❸ 動画が終わった後

▶ YouTube の広告が表示されるタイミング

❶動画が始まる前　　❷動画の最中　　❸動画が終わった後
　　　　　　　　　　尺が長いほど有利

　このうち、ほぼ確実に広告が表示されるのは「**❶動画が始まる前**」と「**❸動画が終わった後**」です。

　動画が始まる前の広告は、動画の長さに関係なくほぼすべての視聴者に表示されるので、特段の対策は不要です。

　動画が終わった後も広告は表示されるのですが、多くの視聴者はそもそも

最後まで滞在しませんし、最後まで滞在した視聴者も動画が終わればすぐに別の動画へ移動します。つまり広告を見ないのです。そのため「❸動画が終わった後」の広告はあまり期待できません。

「❷動画の最中」の広告は、執筆時点のルールでは「8分以上の動画」にしか広告が表示できないことになっています。

そのため、8分未満の動画では広告表示が動画が始まる前の1回しか期待できないので、広告収入で稼ごうと思ったら8分以上の動画を作ることが必須になります。

さらに、平均視聴時間が長ければ長いほど広告表示回数は増えます。10分、20分、30分と尺を伸ばせれば、より有利ということになります。

現在のYouTubeアルゴリズムでは、視聴者の動画滞在時間がライバル動画に比べて長いと拡散されやすくなる（おすすめ動画で表示されやすくなる）ので、広告表示回数だけでなく再生数も伸びるという利点があります。

🔔 実際の非属人性YouTubeのジャンル

ここまでの内容をまとめると、良いジャンルの条件は次のとおりでした。

- **参入している競合チャンネルが多い**
- **高齢層の視聴者が多い**

実際にどういうジャンルがあるのかを紹介しますね。
以下が、主な非属人性YouTubeのジャンルです。

①機械音声系

- **ゆっくり系（解説、実況、茶番）**
- **2ch系**
- **ボイスロイド系（ボイスピーク、ボイスボックス等）**

②声あり系

- **ナレーション × ハイクオリティ**
- **朗読**

- VTuber
- スライド動画
- VYONDアニメーション
- 漫画動画
- LINE会話風動画
- アニメコント

：③声なし系

- BGM系
- 手芸系
- 演奏音楽系
- 顔出しなし演者系（料理、Vlog等）

：機械音声系がおすすめ

挙げたジャンル以外にもありますが、主要なジャンルは押さえています。

中でも一番のおすすめが①の**機械音声系**です。編集ソフトが無料なのでノーリスクですし、ナレーターも不要なので外注費と工数も抑えられます。

台本を書くだけで音声・テロップ・キャラアニメーションが出力されるので、動画作りが簡単です。編集ソフトの使い勝手も良く、初心者でもすぐに操作できます。

本書では機械音声系を中心に解説していきますね。

2-2 稼げるおすすめジャンル

　ここでは、非属人性YouTubeで稼げるおすすめジャンルの具体的なチャンネルを紹介します。主に機械音声系です。

　一部ですが、稼ぎやすい「声あり系ジャンル」もいくつかピックアップしています。

　「稼ぎやすい」の定義は次の2点です。

- 再生数を伸ばしやすい
- 作成コスト（資金、労力）が低い

🔔 ゆっくり解説ジャンル

　「ゆっくり解説」とは、「ゆっくりしていってね！！！」（通称「ゆっくり」）のキャラと「ゆっくりボイス」を使用して知識・情報・雑学等を解説するジャンルです。

　広告収益でいうと数十万円から数百万円で、規模の大きいもので1000万円を超えるチャンネルも複数存在します。

　「ゆっくり」のキャラクターは複数いますが、主に使用されるのは東方Projectの霧雨魔理沙（魔理沙）と博麗霊夢（霊夢）というキャラで、2人の掛け合いを中心に動画が進行します。

　主なテーマに次のようなものがあります。

- 都市伝説
- 海外の反応
- 科学
- 宇宙
- 古代生物
- 炎上ニュース

- 闇雑学
- 事件事故の解説
- 歴史
- 地理
- 土建
- 政治ニュース

- 食の健康雑学
- スピリチュアル
- 数学
- 生物
- 企業雑学
- スポーツ

▶ ゆっくり解説で科学の疑問を解説する「るーいのゆっくり科学」
（https://www.youtube.com/@RuiScience）

　フリー素材である「ゆっくりキャラ」を使用し、編集ソフトによってアニメーションを付けて動かします。

　このジャンルの視聴者の需要は「面白さ」「分かりやすさ」「情報の鮮度」などです。主な情報源はネット上にあるブログやサイト・書籍・雑誌・YouTube動画などです。

　YouTubeの検索窓で「ゆっくり解説」と検索すると、チャンネルがたくさん表示されます。リサーチしてみてください。

🔔 2ch系ジャンル

　1999年に日本で生まれた無料の匿名掲示板である「2ch(にちゃんねる、現「5ch」)」を動画化したジャンルです。

　広告収益でいうと数十万円から数百万円の規模が多く、爆発的な需要があり短期収益化も可能です。

　主人公は「イッチ」という2ch掲示板のスレッドを立てた人(レス番号「1番」をもじったもの)が多く、イッチとその他書き込みをしたスレ民のやりとりを中心に動画が進行します。

　2ch系ジャンルで扱われる主なテーマは次のとおりです。

- オカルト(怖い話)
- 面白い話
- 質問ある
- 有益、ライフハック
- 修羅場
- 馴れ初め

　画像は主にフリー素材である「いらすとや」(https://www.irasutoya.com/)のイラストなどを使用し、編集ソフトによってテロップと音声を加えて動画化します。

▶ **匿名掲示板2ch(現5ch)に投稿された興味深いスレをまとめた「2chの興味深い話」**
(https://www.youtube.com/channel/UCIF1lv9U79XWAyFGQwGzvCw)

主な情報源は2chまとめサイトや過去ログ（2chスレッドが保管されているサイト）などですが、修羅場や馴れ初めジャンルは創作が多くなっています。

スレッドをそのまま使う場合は5chに使用申請をする必要があります。また、「いらすとや」の商用利用にも制限がある場合も多々あるので注意が必要です。

🔔 ずんだもん解説

「ずんだもん」というキャラクターを使用して寸劇や解説を行うジャンルです。

ゆっくり解説と似ていますが、寸劇をメインに動画が進行する点で少し異なります。

ずんだもん解説で扱われる主なテーマは次のとおりです。

- 末路系
- しくじり企業、人物
- 都市伝説
- 歴史
- 事件事故
- 炎上ニュース

なお、ずんだもんの権利を持つ「SSS合同会社」が2023年10月に誹謗中傷目的でのキャラクター使用について厳格化しました。

これにより、炎上ニュース等のジャンルに制限がかかるため、運営者は慎重にジャンル選びをする必要があります。

フリー素材であるずんだもんを使用し、編集ソフトによってテロップと音声を加えて動画化します。

解説よりも寸劇に力を入れているチャンネルが多く、視聴者も「やりとりの面白さ」を求める傾向にあるのが特徴です。

▶ 社会や歴史をストーリ仕立てでずんだもんが解説する「だーまめ」
（https://www.youtube.com/@Da-MaMe）

 朗読、ハイクオリティ映像解説、
VYONDアニメ系

ここでは人の声を使用したジャンルを紹介します。

人の声を使うジャンルでも、ナレーターなどに外注して声入れをしてもら
うため、自分の声を使うことはありません。

ナレーターを雇うため人件費と管理工数が増えるというデメリットはあり
ますが、それを上回るメリットもあります。

∷ 朗読ジャンル

まずは「**朗読**」ジャンルです。

一人称による創作ストーリーの朗読で動画が進行し、視聴者はながら聞き
する形で視聴することが多いジャンルです。

映像は猫や犬のフリー素材を流しているだけのものが多く、ツールを使え
ばテロップも簡単に挿入できるため**制作コストが非常に低い**のが特徴です。

制作コストが低いにも関わらず再生数は多い傾向にあり、**視聴者層が高齢**
なことと**動画の尺が長い**ことが重なって、広告単価も高いため収益性が抜群

です。

　朗読ジャンルの主なテーマは次のとおりです。

- **スカッっとする話**
- **感動する話**
- **馴れ初めの話**

　特に「スカッとする話」が多いです。

　ただしこのジャンルは、毎日投稿あるいは毎日複数本投稿のチャンネルが多いため、チーム運営が得意で資金力のある運営者でないと参入しづらいでしょう。

▶ 朗読系チャンネルの例「感動ねこ」
（https://www.youtube.com/@user-zq3vd4db8s）

：ハイクオリティ映像解説

　次に「ハイクオリティ映像解説」ジャンルです。

　基本的には一人称のナレーション形式で進行し、映像はCG等の動画素材を使用しながら、知識・情報・雑学についてのコンテンツを作成します。NHK（Eテレ）で見るようなVTR映像のイメージが近いかもしれません。

　動画素材はネット上に有料無料問わずたくさんあります。

ハイクオリティ映像解説の主なテーマは次のとおりです。

- ● 科学
- ● 医療
- ● 炎上ニュース
- ● 宇宙
- ● 歴史
- ● 事件事故
- ● 生物
- ● 都市伝説
- ● ドラレコ

アカデミックなテーマとの相性が良いジャンルです。

▶ **ハイクオリティ映像解説の例「VAIENCE バイエンス」(https://www. youtube.com/channel/UCPKsFwt9ACF-EnJM3xN8wyQ)**

∴ VYOND アニメ系

　VYONDアニメ系は「VYOND」(https://animedemo.com/) というホワイトボードアニメーション編集ソフト（クラウドサービス）を使用して、「パペット」という人形を動かしたり、アイテムや図形を使ってアニメーション動画を作るジャンルです。

　VYONDは使用料が高く、制作コストが高くなるデメリットがあります。しかし一方で、莫大な再生数が期待できたり、幅広いテーマで動画を作ることができたりといったメリットがあり、非常に人気です。

　VYONDアニメ系ジャンルの主なテーマは次のとおりです。

- スカっとする話
- 宇宙
- 歴史
- 事件事故
- 海外の反応
- 生物
- 都市伝説
- 科学
- 医療
- 炎上ニュース

　創作ストーリーや知識・情報・雑学系など幅広く、どんなジャンルでも VYONDを組み合わせて動画を作ることが可能です。

▶ VYOND アニメ系の例「にほんのチカラ」
（https://www.youtube.com/@user-kb2bv5qp7i）

2-3 稼げるジャンルの探し方

🔔 「良いジャンル」を探す

　非属人性YouTubeで稼げるジャンルの具体例を紹介してきました。しかし、YouTubeの状況は刻一刻と変化しています。

　変化についていくために「自分でジャンルを探す方法」を知っておく必要があります。筆者が普段使っているジャンルリサーチ手法を紹介します。

　ジャンルリサーチの方法は次のとおりです。

❶ YouTube検索で探す
❷ 急上昇から探す
❸ ブラウジング機能から探す
❹ 関連動画から探す
❺ YouTubeの外で探す

　非属人性YouTubeにおいて「良いジャンル」とは「**直近で伸びているチャンネルが複数あるジャンル**」を指します。「直近」とは過去2〜6か月程度です。近ければ近いほどトレンドであると言えます。

　例えば「直近6か月で1チャンネルしか収益化していないジャンル」と「直近2か月で3チャンネルが収益化しているジャンル」であれば、圧倒的に後者で伸ばす方が簡単です。

　そのため、ジャンルリサーチをする際は「そのジャンル内に直近で伸びているチャンネルはあるか？」という視点で探しましょう。

❶ YouTube検索で探す

　YouTubeの検索機能を使って探す方法です。一番オーソドックスなリサーチ手法ですね。探し方は動画を探す方法とチャンネルを探す方法の2種類あります。

```
❶ 動画を探す方法
❷ チャンネルを探す方法
```

∶ 動画を探す

　❶動画を探す方法については、次の手順で行います。

> ❶ YouTube検索窓でキーワード（後述）を検索
> ❷ フィルターで「期間」「視聴回数」を選択
> ❸ 伸びている動画をピックアップ
> ❹ 動画から各チャンネルページへ移動する

　まず、YouTube検索窓でキーワードを入力します。このときに使うキーワードは次の3種類です。

```
• ジャンルワード
• メインワード、サジェストワード
• 横断ワード
```

　「**ジャンルワード**」とは、そのジャンル全体で使われているワードです。
　ゆっくり解説ジャンルであれば「ゆっくり解説」、2chスレ系であれば「2ch」や「スレ」ですね。
　ジャンルワードは一語とは限らず、複数の場合もあります。例えば「ゆっくり　スピリチュアル」や「2ch　修羅場」などという具合です。ジャンルワードが増えると、ジャンルが細分化されていくイメージです。

メインワードとサジェストワードは、そのジャンルで頻繁に使われるワードです。

　動画のメインテーマを表すのが「**メインワード**」です。メインワードを検索する際に検索予測として表示されるのが「**サジェストワード**」です。

　ジャンルワードだけでいいのでは、と感じるかもしれません。しかし、実はジャンルによってはジャンルワードが存在しないパターンもあるので、その場合はこの方法が便利です。

　例えばVYONDアニメジャンルでは、ジャンルワードである「vyond」で検索しても動画はあまりヒットしません。

　そういった場合に、メインワードやサジェストワードである「スカッと」や「浮気」などを使って探します。そのジャンルに属するチャンネルを1つ知っていれば容易に見つかります。

　最後に「**横断ワード**」です。横断ワードとは「どんなジャンルでも使われがちな汎用性の高いワード」を指します。これは「知らないジャンルを探したい」ときに使います。

　例えば「まとめ」「衝撃」「ランキング」「選」「神回」などですね。この横断ワードをいくつかストックして定期的にリサーチしたら、自分が全く知らなかったジャンルと出会えます。YouTubeを見ていて「このワードよく見るな」と思ったら、それをストックして使ってみましょう。

　ワードが決まったらフィルターを使って動画を絞り込みます。

▶ YouTube検索フィルター機能

使うフィルター機能は「期間」と「視聴回数」です。期間は「今日」「今週」「今月」など区切りがあるので、広く探したい場合は長い期間を、直近の物を探したい場合は短い期間を選択してください。筆者がよく使うのは「今日」「今週」です。

検索演算子を使った高度な検索

　ここで、少し面白い機能を1つ紹介します。「**検索演算子**」という機能です。検索演算子とは、検索結果を絞り込むための特殊な記号や単語のことです。キーワードとともに検索窓に入力することで、検索結果の精度を上げることができます。　複数の演算子を組み合わせて検索結果をさらに絞り込むことも可能です。

　期間を絞り込む検索演算子があります。

```
before: 年 - 月 - 日
after: 年 - 月 - 日
```

　「before:年-月-日」とすると、年月日により指定した日付より前の検索結果を表示します。

　「after:年-月-日」とすると、年月日により指定した日付より後の検索結果を表示します。

　これを使えば「直近3か月以内」や「半年より前」など、フィルター機能で指定できない期間を検索できます。両方を使えば「〇年〇月〇日～〇年〇月〇日」のように細かく検索することも可能で非常に便利です。

　ただし、検索結果がやや不安定で、対象期間の動画がすべて確実に表示されるわけではないので注意が必要です。あくまで補足程度に留めておきましょう。

　ここまで絞り込んだら、あとは上から順番に表示されている動画を見て、気になる動画のチャンネルページにアクセスします。チャンネルページに遷移したら、登録者や開設日、投稿本数などをチェックしましょう。

：チャンネルを探す

❷**チャンネルを探す方法**については、次の手順で行います。

❶ YouTube検索窓でキーワードを検索
❷ フィルターで「チャンネル」を選択
❸ 小規模（登録者1万人以下が目安）の
　 チャンネルをピックアップ
❹ チャンネルページへ移動

YouTubeの検索窓でキーワード検索するのは同じですが、フィルターで対象をチャンネルに絞り込めます。

▶ **YouTube検索フィルター機能**
　 （チャンネルフィルター）

❶フィルター機能で「チャンネル」
を選択すると、チャンネルだけ
が表示されます。

▶ **チャンネルのみ表示画面**

ここに表示されているチャンネルのうち、**登録者1万人以下の小規模な**
チャンネルをピックアップしてリサーチします。

チャンネルページに遷移したら、登録者や開設日、投稿本数などをチェッ

クしましょう。

❷ 急上昇から探す

YouTubeの「**急上昇**」機能を使って探す方法です。

急上昇機能とは、直近でYouTubeに投稿された動画のうち、特に人気のある動画をおすすめする機能です。ここにはYouTubeが認めた良質なコンテンツが並んでいます。

基本的には顔出しありのYouTuberが多いのですが、稀に非属人YouTubeチャンネルも出てくるので定期的にチェックしましょう。

特に、初心者にとっては「こういうジャンルがあるんだ」という発見が多々あるはずなので、チェックする習慣をつけるといいでしょう。

： 海外のトレンドからジャンルを探す

この機能を応用して「海外のトレンドからジャンルを探す」という手法も非常に有効です。手順は次のとおりです。

❶ 右上にある自身のアイコンをクリック
❷「場所」をアメリカなどの他国に変更
❸ 急上昇をリサーチして、顔出しなしでできる動画を
　ピックアップ
❹ チャンネルページへ移動
❺ 日本市場でも伸びそうかリサーチ

YouTubeにログインした後、右上にある自身のアカウントのアイコンをクリックすると、次ページのようなメニューが表示されます。表示されたら「場所」（初期設定では日本）を他国に変更してください。言語は日本語のままで大丈夫です。

▶ YouTube 設定エリア

- **G** Google アカウント
- 🔲 アカウントを切り替える　＞
- → ログアウト

- ◎ YouTube Studio
- ⑤ 購入とメンバーシップ

- ⑧ YouTube でのデータ
- ☽ デザイン: デバイスのテーマ　＞
- 文A 言語: 日本語　＞
- ⓒ 制限付きモード: オフ　＞
- ⊕ 場所: 日本　＞
- ⌨ キーボード ショートカット

- ⚙ 設定

　場所を変更した状態で急上昇を見ると、変更した国の急上昇が表示されます。この中には顔出し無しで作れる動画も多数含まれているので、見つけたらチャンネルページへ遷移しましょう。

　チャンネルの情報を確認し、短期間で伸びていたり動画の平均再生数が高ければ日本市場の状況をチェックします。その際、日本市場で同じもしくは似たジャンルが伸びていたら参入する価値があると判断できます。

　英語圏や韓国には参考になるジャンルが多いので、ぜひリサーチしてみてください。

❸ ブラウジング機能から探す

　YouTubeトップのおすすめ機能である「ブラウジング機能」から探す方法です。

　大きく分けて２つの方法があります。

❶ YouTubeTOP ページに表示されている動画から探す
❷「新しい動画の発見」機能を使う

❶YouTubeのトップページに表示されている動画から探す

　YouTubeのトップページに表示されている動画から探す方法です。「シークレットウィンドウ」「ログイン状態のウィンドウ」の2種類を使い分けることでさまざまな動画を探せます。

- シークレットウィンドウ
- ログイン状態のウィンドウ

　シークレットウィンドウを使えば、今までの視聴履歴に影響を受けていないおすすめ動画が表示されます。これらはYouTubeアルゴリズムが万人に推したいコンテンツなので、伸びやすいジャンルと言えます。

　ログイン状態のウィンドウに表示されるおすすめは、過去の視聴履歴を参考に表示された動画です。シークレットウィンドウの方が汎用的なおすすめ動画が表示されますが、ログイン状態で表示されるおすすめ動画は開設歴が浅かったりニッチなジャンルの動画が表示されることがあります。

ジャンル別アカウント

　ログイン状態のおすすめをより効果的に使う方法として、「検索用のアカウントをジャンルごとに複数持つ」という手法があります。

　例えば次のようなアカウントをそれぞれ作ってリサーチに使用します。

- **ゆっくり解説の健康ジャンルばかり視聴しているアカウント**
- **2ch修羅場系のジャンルばかり視聴しているアカウント**

　任意のジャンルのチャンネルがブラウジングとしておすすめ表示されるので、新しいチャンネルを見つけやすくなります。

　YouTubeのトップページはおすすめジャンルの宝庫なので、定期的に

チェックするようにしましょう。

❷「新しい動画の発見」機能を使う

YouTubeのトップページには「**新しい動画の発見**」というボタンがあります。

▶ **YouTube トップページの「新しい動画の発見」**

この機能を使えば、直近で投稿された動画が複数表示されるので、伸び始めの新しいジャンルを発見することが可能です。

リロードすれば毎回見たことのない動画が表示されるので、根気よく探して良さそうな動画を見つけてください。

見つけたらチャンネルページへ遷移して必要な情報をチェックしましょう。

❹ 関連動画から探す

視聴動画の「**関連動画**」から探す方法です。

関連動画には「同じもしくは似たジャンルの動画」が並んでいると感じるかもしれませんが、実は「似た視聴履歴の視聴者が見ている動画」が並んでいます。

そのため、視聴動画と違うジャンルの動画が表示されることもあるのです。関連動画を上から順にチェックして、違うジャンルのものがあればピックアップしましょう。

また、関連動画の中から任意で選んだ動画の、そのまた関連動画を辿っていくという手法もあります。この方法を使って2層目、3層目と掘り進んで

いくことでお宝ジャンルを発見できる可能性もありますね。

　さらに、ジャンルの中で細分化されたニッチなジャンルを見つけることができるかもしれません。例えば、「2ch修羅場スレジャンル」の中にある「汚嫁間男系ジャンル」などですね。関連動画はチャンネルの宝庫なので、ぜひ実施してください。

❺ YouTube の外で探す

　最後は YouTube の外から探す方法をいくつか紹介します。

： ❶チャンネル売買系サイトから探す

　非属人性 YouTube の出口戦略に「チャンネル売却」があります。

　チャンネル売却には「サイトストック」（https://sitestock.jp/）や「ラッコ M&A」（https://rakkoma.com/）などの売買仲介サイトを使うことが多いのですが、こういったサイトには案件一覧ページがあります。

▶ チャンネル売買サイト案件一覧

受付中	仲介	【年商3,800万円｜年間利益2,100万円】スカッと系アニメーションch（外注運営）	3,300万円	3,200,000円	1,770,000円	1,430,000円	3,500,000	70,000	2023-10-19	2
受付中	仲介	【制作費用総額1000万円超】YouTube自動音声動画のコンテンツ販売	500万円	非公開	非公開	12,000,000円	10,000	非公開	2023-10-19	0
受付中	仲介	【専門性が高いチャンネルを外注化】30～40代男性に人気のチャンネル譲渡	1,100万円	550,000円	240,000円	310,000円	不明	非公開	2023-10-13	1
受付中	仲介	【ディレクター譲渡、年間利益1,000万円】高年齢層男性に人気のYOUTUBEチャンネルの譲渡	1,980万円	1,380,000円	260,000円	1,120,000円	不明	非公開	2023-10-13	4
受付中	直接	【月利70万】政治系YouTube切り抜きアカウント	220万円	700,000円	非公開	非公開	3,500,000	7,000	2023-10-05	5
終了案件	直接	【8月の利益48万円】スマホゲーム「パズドラ」のゆっくり解説YouTubeチャンネル【登録者6000人】	108万円	261,649円	239,813円	21,836円	565,597	6,300	2023-10-02	1
成約済	仲介	面白映像2chスレYouTubeチャンネル（外注運営）	70万円	210,000円	130,000円	80,000円	10,000	10,000	2023-10-02	6
受付中	仲介	【12月利益277万円】高年齢層に人気のYouTube3チャンネルの譲渡	2,750万円	2,230,000円	1,680,000円	550,000円	不明	非公開	2023-10-02	1
受付中	直接	【8月収益67万円】大人気アニメ「無職転生ゆっくり解説チャンネル」の譲渡【YouTubeチャンネル登録者1万人】	273万円	700,000円	616,500円	83,500円	1,200,000	10,000	2023-09-25	5
受付中	直接	2chまとめ系YouTubeチャンネル	660万円	230,000円	非公開	非公開	19,000,000	110,000	2023-09-20	1
終了案件	仲介	【副業に最適！格安YouTube】中高年男性に人気のチャンネル譲渡	110万円	107,000円	57,000円	50,000円	不明	非公開	2023-09-14	7
受付中	仲介	【平均月利50万円】人気野球選手を特集したYouTube/コンテンツ制作は外注	330万円	610,000円	537,000円	73,000円	1,000,000	10,000	2023-09-11	3

　売りに出ている案件（チャンネル）が情報を伏せた状態で並んでいるので

すが、ジャンルは記載されているのでここでリサーチします。

　もちろん売買サイトで活発に取引されているジャンルで収益化できれば売却も難しくはありません。

　ただし、売りに出ているということは誰かが利確しようしているチャンネルなので、トレンドが過ぎている可能性もあります。

　ここでヒントを仕入れたあと、必ずYouTube市場でリサーチして新規参入しても大丈夫そうかチェックしましょう。

　なお、具体的なチャンネルを知りたい場合は売買交渉を開始する必要がありますが、リサーチ目的での交渉は禁止されているので控えましょう。

：❷クラウドソーシングサイトの案件募集から探す

　「**ランサーズ**」（https://www.lancers.jp/）や「**クラウドワークス**」（https://crowdworks.jp/）などのクラウドソーシングサイトの案件から、現在人気のあるジャンルを探す方法です。

▶ クラウドワークス案件一覧

クラウドソーシングサイトの案件から人気ジャンルを探す方法は次のとおりです。

❶ クラウドソーシングサイトで受注者としてログイン
❷ 「YouTube」などのキーワードを入れて案件を検索
❸ 上級者アカウントをリサーチしてフォロー
❹ 上級者アカウントの過去案件をリサーチ
❺ 新着案件が開始したらジャンルをチェック

ポイントは、なるべく単価の高い案件を見つけることです。単価が高い案件は、資金力のある運営者が募集している可能性が高いからです。

「資金力がある運営者」というのは、YouTubeで稼いでいる上級者か別事業で稼いでいる人です。

過去の案件から上級者かどうかを判断して、運営者の過去の案件を追って、発注歴が長かったり発注数が多ければ実力者であると判断できます。

他にもPR案件や認定クライアントにも上級者が多いです。

- PR案件（追加料金を払って上位表示している案件）
- 認定クライアント

上級者の過去案件には美味しいジャンルが隠れていることが多いので、追えるだけ追って探しましょう。

上級者アカウントをフォローしておけば募集があるたびに通知が来るので、これから参入しようとしているジャンルも分かります。この方法はかなり便利なので、ぜひ試してみてください。

❸SNS・特化型ブログやサイト・書籍・図鑑・雑誌の定期購読から探す

これは、伸びている外部媒体から探す手法です。

- SNS・特化型ブログやサイトが伸びている
- 書籍・図鑑・雑誌の定期購読が存在している

このような状況であれば「そのジャンルに需要がある」と判断でき、ジャンル参入のヒントになります。

次の画像は、Amazon（https://amazon.co.jp）で、本の「図鑑」を検索した結果です。今、書籍の図鑑ではどのようなジャンルに人気があるかがわかります。

▶ Amazon検索画面

ただし、外部媒体の需要とYouTubeの需要が一致しているとは限らないため、あくまで参考情報として調べるのに使います。

❹YouTube系ツールから探す

「**kamui tracker**（カムイトラッカー）」（https://kamuitracker.com/）、「**ユーチュラ**」（https://yutura.net/）、「**NoxInfluencer**（ノックスインフ

ルエンサー）」（https://jp.noxinfluencer.com/）などのYouTubeのチャンネルランキングを調べられるサイトがあります。

- kamui tracker(カムイトラッカー)
- ユーチュラ
- ノックスインフルエンサー

　特にユーチュラは「月間登録者増加率」という便利な項目があるのでおすすめです。

▶ ユーチュラ（https://yutura.net/）

　実際に今伸びているチャンネルが表示されているので、「投稿本数が少ない」「開設から日が経っていない」というチャンネルを中心に探しましょう。

Chapter
3

アルゴリズムを理解して YouTube で 伸びる仕組みを知る

YouTube で動画やチャンネルが伸びる要因は、チャンネル登録者数ではありません。やみくもに登録者数を増やすと、逆に動画再生数が落ちることすらあります。ここでは YouTube アルゴリズムを理解して、動画やチャンネルを伸ばす仕組みを解説します。

3-1 アルゴリズムが存在する理由

🔔 なぜ動画がバズるのか

たまたま思いついたネタが奇跡的にハマったり、盛り上がっているトレンドに乗れたりすれば「**バズる**」ということは誰にでも可能性があります。

しかし、ビジネスでYouTubeアカウントを運営していくうえで重要なことは、安定した再生回数を上げていくことですよね。

たまたま50万回再生した1本よりも、10万回再生を5本生み出す力の方が大事だったりするわけです。

つまり、**高い水準で再生回数を取り続ける**ことが何より重要です。

そのためには、**YouTubeのおすすめ表示アルゴリズム**（以降は特に注意書きがなければ「**アルゴリズム**」）の理解は避けては通れません。なぜならアルゴリズムとは仕組みそのものだからです。

仕組みを知らずにバズっても、バズを再現することは困難です。良質な動画を生み出し続けるためにも、YouTubeの仕組みをここで学びましょう。

：アルゴリズムとは

アルゴリズムとは、「目的を達成するための手順や計算方法」のことです。**簡単に言えば「最適化」です**。

YouTubeにはプラットフォームとしての目的があります。その目的に向かって最適な動きをするように組み込まれたプログラムをアルゴリズムといいます。アルゴリズムを理解することは、「YouTubeが何をしたくて、そのためにどのように視聴者に動いて欲しいのか」を知るということです。

：YouTubeの目的は広告を見てもらうこと

YouTubeの最大の目的は「**視聴者に広告を見てもらうこと**」です。

YouTubeは営利企業で、利益を出すことを最大の目的としています。YouTubeの収益源は企業や個人（広告主）が出す広告費です。広告を多く出稿してもらえるほど、YouTubeは利益を上げることができます。

一方、広告主の目的は、広告が多くの人の目に触れ自社商品やサービスの売上につなげることです。

YouTubeは広告を企業にたくさん出してほしい。

広告主はたくさんの人に見てもらえるところに広告を出したい。

結果、YouTubeの最大の目的は「多くの人に楽しんでもらえる動画を提供して多くの人を集め、その人たちに長くYouTubeに滞在してもらって広告を見てもらうこと」になります。

▶ **YouTubeや広告主が考えていること**

あなたがYouTubeの立場だったら、視聴者にどのような動画をおすすめするでしょうか。YouTubeには「広告を見てもらう」という目的があります。効率的に「多くの人を楽しませる動画」や「より長く見てもらえる動画」を優遇するはずです。

逆に「視聴者に興味を持ってもらえない動画」や「すぐに視聴をやめられる動画」はおすすめしないはずです。

YouTube側からすると「その視聴者に合った最適な動画を個別に届けたい」という目的があります。そして、YouTubeには毎分数百時間分の動画

がアップされています。

　どれがどの視聴者に最適なのか、1つ1つ人間が判断していてはどれほど時間があっても足りません。そのため、「その視聴者に合った動画」の判断や「個別に届ける」という行動をプログラムによって実現しています。

　このプログラムがアルゴリズムなのです。

 ## なぜアルゴリズムを学ぶ必要があるのか、アルゴリズムを学ばないとどうなるか

　アルゴリズムによっておすすめ動画や関連動画が表示されているのはわかったと思います。

　では、なぜアルゴリズムを理解する必要があるのでしょうか。

　それは「**視聴者が見る動画の70%は、アルゴリズムが推奨している動画**」だからです。

　ビジネスでは再現性が重要です。最速で収益化を目指すためには、再現性のある露出を目指す必要があります。そのためにはYouTubeアルゴリズムに載せて拡散するのが、最短で結果を出すルートです。

： 視聴者が動画を目にする場所

　YouTube視聴者が動画を視聴するのは主に次の5つの経路です。

> ❶ **おすすめ動画（ブラウジング機能）**
> ❷ **関連動画**
> ❸ **チャンネルページ**
> ❹ **YouTube検索**
> ❺ **その他（再生リスト、終了画面、外部からの流入）**

❶ おすすめ動画（ブラウジング機能）

　おすすめ動画は、専門用語では「**ブラウジング機能**」と呼ばれています。

　YouTubeのトップページで表示されている動画です。

　視聴者各人の視聴傾向から、YouTubeのAIがユーザーの好みを判断しておすすめ動画を表示しています。

▶ ブラウジング（YouTubeのおすすめ）機能

スマホ

PC

❷ 関連動画

関連動画は、スマホアプリなら視聴中動画の下部、パソコンのブラウザなら視聴中動画の右側に表示される動画たちです。

関連動画には、現在視聴中の動画との関連性が高く、次に見る可能性が高い動画が優先的に表示されています。

▶ 関連動画

スマホ

PC

Chapter3

アルゴリズムを理解してYouTubeで伸びる仕組みを知る

❸ チャンネルページ

「**チャンネルページ**」は、視聴者がチャンネルにアクセスしてそこから動画を視聴したものです。あとは、他の動画で紹介されて他のチャンネルから視聴されたときもここにカウントされます。

▶ チャンネルページ

❹ YouTube 検索

YouTube検索は、YouTubeの検索窓にキーワードを入れて、自分の動画が見つけられて視聴される方法です。

画面上部にある検索窓に、自分が見たい動画のキーワードを入れるとそのキーワードに当てはまる動画が表示されます。

❺ その他（再生リスト、終了画面、外部からの流入）

その他、再生リストや他のYouTube機能、Google検索などからYouTube動画へ流入があります。

これらの中でもっともYouTube上での視聴に貢献しているのが、❶おすすめ機能と❷関連動画です。

「視聴者が見る動画の70％は、アルゴリズムが推奨している動画」と説明しました。それがこのおすすめ機能と関連機能です。

▶ YouTube 検索

キーワード

検索語句によって
発見された動画たち

　右図は筆者が運営するチャンネル
のデータですが、30万再生を超え
る動画の約70％がブラウジング機
能（YouTubeトップのおすすめ機
能）からで、関連動画が25％程度、
その他の機能は数％ずつとなってい
ます。このように、数十万回を超え
るような動画は、おすすめ機能、関
連機能がしっかりと働いていないと
まず生まれません。

▶ 数十万再生の動画の流入経路

　おすすめ動画と関連動画の重要性
が理解できたと思います。ジャンルによって変わりますが、中でもおすすめ
機能は多くのジャンルでもっとも重要な機能です。

　「動画を伸ばしたい」と思うなら、アルゴリズムへの理解を深め、おすす
め機能・関連動画機能に投稿動画をレコメンドされるようにしましょう。

3-2 YouTube が 重要視している項目

🔔 YouTube アルゴリズムは公開されていない

　ここまで YouTube アルゴリズムについて解説してきましたが、実は筆者は正確な YouTube アルゴリズムを知りません。というか、YouTube のアルゴリズムを完全に理解している人はほとんどこの世にいないはずです。

　なぜなら **YouTube のアルゴリズムは公開されていない** からです。YouTube で働いている人ですら、アルゴリズムは超極秘事項となっていて、一部の人しかその仕組みを完全に把握はしていないそうです（複数の YouTube 社員から聞きました）。

　つまり、ここまで説明したアルゴリズムの話は、あくまで筆者が持つデータから推測したものというわけです。

　筆者は数百のチャンネルのデータを見てきました。また、他の YouTuber とも多くの情報交換をしてきました。

　さらに、**YouTube ヘルプ** にはさまざまな情報が記載されています。筆者は YouTube ヘルプに記載されている内容を隅々まで読み込み、記載されている内容を数々のデータから検証しました。その結果から類推される、YouTube アルゴリズムをここで紹介します。

🔔「視聴時間」と「エンゲージメント」

　YouTube は動画の視聴時間とエンゲージメントを重要視しています。

　視聴時間 とは文字通り「視聴者がどのくらいの時間、その動画に滞在して

くれたか」という指標です。

YouTubeでは「滞在時間」を計測しています。例えば10分の動画をすべて視聴したら視聴時間は「10分」、2倍速ですべて見た場合の視聴時間は「5分」となります。4倍速で視聴したら「2分30秒」ですね。

エンゲージメントは「高評価」や「チャンネル登録」「コメント記入」などを指します。エンゲージメント（engagement）とは「深い繋がりをもった状態」のことを表す英単語です。

YouTubeに置き換えると「視聴者とどのくらい深いつながりを持っているか」ということになりますね。視聴時間、高評価、コメント、共有数などによって判断しています。

視聴者が長く動画を視聴したりエンゲージメントが高まると、その動画はアルゴリズムによってより多くの人に推奨される可能性が高まります。

視聴時間は「平均視聴時間」「総視聴時間」「視聴者維持率」などの指標で計測することができ、エンゲージメントは「高評価数」「チャンネル登録者数」「コメント数」などの指標で計測することが可能です。

視聴者維持率は10分以上の動画であれば30 ～ 40%が目安です。

エンゲージメント率は0.5 ～ 1%を獲得できると、アルゴリズム上優位に働く可能性が高まります。

🔔 クリック率（CTR）

クリック率（CTR） は動画が視聴者に表示された時にどのくらいクリックされたかという数値です。次の式で表すことができます。

インプレッション数（表示された回数）＝クリックされた回数

クリック率というのは「**YouTubeにおすすめされた頻度に対して、あなたの動画がどのくらい選ばれたのか**」を表しています。

おすすめなどで表示された回数に対してクリックされる確率が高いほど、YouTubeがおすすめしたいと思っている動画と選ばれる動画の認識が合っている証拠なので、アルゴリズムはこれを「良い指標」と判断するわけです

ね。

　クリック率は、動画のサムネイルやタイトルが視聴者にどれだけ魅力的に映るかを示す指標です。魅力的なサムネイルやタイトルは、視聴者が動画をクリックしやすくします（サムネ・タイトルについてはChapetr 6で解説）。

　そしてこの指標は、アルゴリズムにとって重要な要素となります。

　どのくらい視聴者に選ばれる動画なのか、そして選ばれた動画はどのくらい視聴され、視聴者の心を動かしているのか。各数値を計測することによってこれらを判断し、YouTubeは各動画にランクをつけています。

　動画のランクが高いほど、YouTube上でおすすめされる頻度も多くなります。その判断は主に視聴時間、エンゲージメント、クリック率にもっとも高い比重で評価をしているということです。

🔔 視聴者の「視聴履歴」と嗜好

　YouTubeは、個々の視聴者に対して最適なコンテンツを提供しようとしています。ユーザーに最適な動画を届け続けることで、より長くYouTubeに滞在してもらえるためです。

　視聴者が特定のトピックやチャンネルに関心を持っていると判断したら、その人の興味度合いが高い関連動画をより多く表示するわけです。

　その際にYouTubeが重要視している指標が「**視聴者の視聴履歴**」です。

　視聴者が過去に見た動画を分析し、関連性の高いコンテンツを提案する、このレコメンドシステムがよく表れているのが**関連動画**です。

　さらに、YouTubeのTOPページでおすすめ表示される動画（**ブラウジング機能**）にも、最近見た動画の視聴履歴がわかりやすく反映されます。

　例えば、2022年は2chの開設者で知られるひろゆき（西村博之）氏の切り抜きチャンネルがたくさん生まれました。

　「一時期おすすめがひろゆきだらけになった」という体験をした人もいるのではないでしょうか。このように、YouTubeは視聴者の視聴履歴をデータとして採取し、それをあなたのページに常に反映しようとしています。

　また、「いいね」した動画やコメント投稿した動画もチェックしています。

　ある動画が「選ばれたことがある」実績ができて、その動画が「視聴された時間が長い」ほど、おすすめに掲載される確率が上がるわけです。

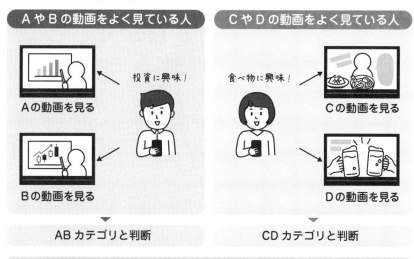

▶ YouTube の視聴者属性

A や B の動画をよく見ている人

A の動画を見る

投資に興味！

B の動画を見る

▼

AB カテゴリと判断

C や D の動画をよく見ている人

食べ物に興味！

C の動画を見る

D の動画を見る

▼

CD カテゴリと判断

「視聴履歴」からアルゴリズムで視聴者をカテゴライズしている

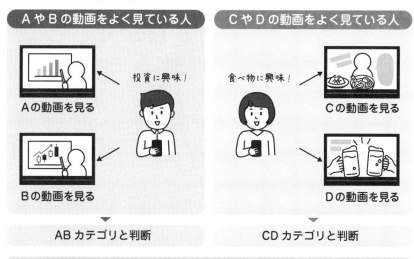

🔔 動画の映像や音声が重要

　ある動画が、よく見られているチャンネルと関連性があると判断され「この動画も視聴者は好きかもしれない」と YouTube が判断するようになるためには何が必要なのでしょうか。

　重要なのは、動画で使われている**「映像」**や**「音声」**です。

　YouTube は関連度を「視聴者の視聴履歴や嗜好」によって判断すると解説しましたが、開設されたばかりのチャンネルや投稿されたばかりの動画にはそういった情報がありません。

　では、何で判断しているかと言うと「動画の映像や音声」なのです。

　これについて、筆者は数々のテスト検証をしてきました。YouTube に実験動画を投稿して検証したところ、関連動画へ表示は「動画の映像や音声」に強く影響されていることがわかりました。

　特に、チャンネル開設初期は似たような映像や音声を使えば関連度が高まりやすくなります。目標としているチャンネルが使用している映像と音声をチェックし、これらを合わせることで関連性を高めることができます。

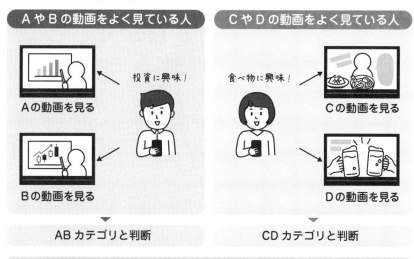

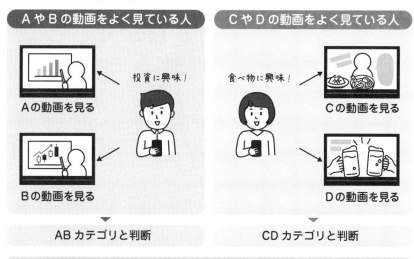

Chapter 3 アルゴリズムを理解して YouTube で伸びる仕組みを知る

65

🔔 キーワードとタイトル

　動画のタイトルや説明、タグなどに含まれる**キーワード**は、YouTubeの
AIが動画の内容を理解する上で重要な要素です。

　適切なキーワードを使用することで、関連する検索ワードや推奨アルゴリ
ズムによって動画が表示される可能性が高まります。

　YouTubeの検索機能経由での流入は少なくありません。ジャンルによっ
て特に重要なケースがあります。

　例えば、料理動画のように「今日の献立の参考にするため」など視聴者が
能動的に検索をするようなジャンルでは、検索経由の流入は重要です。

　キーワードやタイトル、動画の情報は、検索経由での流入に役立ちます。
正しく設定することで、YouTubeが動画を判断する精度が上がるためです。

　タイトルはもちろん、サムネイル内で使われるキーワードもYouTubeの
AIは文字を識別しています。

　キーワードやタイトル、概要欄、カテゴリ設定などは毎回投稿前にしっか
りと確認してYouTubeが理解しやすいように設定しましょう。

🔔 チャンネルの信頼性とパフォーマンス

　他にもYouTubeは、**チャンネルの信頼性やパフォーマンス**もアルゴリズ
ムの評価基準として考慮しています。

　例えば、過去にガイドライン違反や不正な活動があるチャンネルは、アル
ゴリズムによって露出が抑制される恐れがあります。

　著作権違反などガイドラインに違反した履歴がある人がチャンネルを作り
直しても、Googleアカウント上でしっかりとブラックリスト入りしていて、
表示回数が制限されてしまうというケースを筆者は多々見てきました。

　YouTubeガイドラインはしっかり確認して違反のないように気をつけま
しょう。

　逆に、信頼性の高いコンテンツを提供し、一貫して高いパフォーマンスを
上げるチャンネルは、アルゴリズムによって優遇される可能性が上がりま
す。

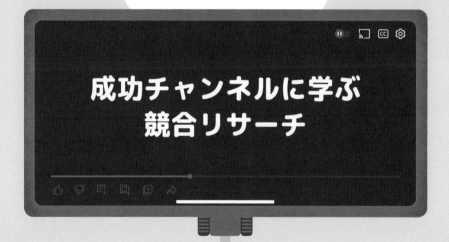

Chapter 4

成功チャンネルに学ぶ
競合リサーチ

非属人性YouTubeチャンネルを伸ばすために避けては通れないのが
「競合リサーチ」です。成功事例を探して、分析し、良いところを
真似ることから始めましょう。本章では具体的な成功事例の探し方
と分析方法について解説します。

4-1 成功している チャンネルを探す

　参入するジャンルが決まったら、次は競合チャンネルのリサーチを始めます。

　ここを怠ると「稼げるジャンルなのに自分のチャンネルは伸びない」という事態が起こってしまうので、気合を入れて実施しましょう。

　競合リサーチとは簡単に言うと**「成功事例（チャンネル）を探す」**ということです。

　一般的な稼げるYouTuberのイメージは「センスある天才」だと思います。しかし、非属人性YouTubeでは「再現可能な成功事例を探し、分析して再現できる人」こそが稼げる人です。

　再現可能な成功事例を探すポイントは次の2点です。

❶ 利益を出せるか
❷ 再現性が高いか

🔔 ジャンル内チャンネルの探し方

　ジャンル内のチャンネルの探し方について解説します。選択したジャンル内で収益化しているチャンネルをリストアップします。

　既にチャンネルを運営している場合は、**YouTubeアナリティクス分析**をすることで簡単に探せます。しかし、チャンネル開設前はYouTube上で探すしかありません。今回はアナリティクス分析を使わずにチャンネルを探す方法を解説します。

探し方は次の３つです。

❶ 検索結果から探す
❷ ブラウジングから探す
❸ 関連動画から探す

　特に❶検索結果から探すが多くなります。

　それぞれの具体的な探し方については、Chapter2 の「稼げるジャンルの探し方」で解説しています。

　目ぼしいチャンネルを見つけたら、スプレッドシートなどにリストアップしていきましょう。リストアップするチャンネル数は、最初は次の数を目安にリストアップしてください。多ければ多いほど分析対象が増えて精度が増します。

- 競合ひしめくレッドオーシャンジャンル：20 〜 30 チャンネル
- それなりに伸びているジャンル：10 〜 20 チャンネル
- 生まれたばかりでチャンネル数が少ないジャンル：全チャンネル

　30チャンネルほどリストアップして分析できていれば十分でしょう。運営する中で自然と絞られていき、最終的には10チャンネル以下に絞られてくることが多いですね。

4-2　利益を出せているか❶ 売上が立つか

成功しているチャンネルの条件は次の２つです。

- **売上が立つか**
- **利益が残るか**

　非属人性YouTubeチャンネルの運営では、最終的には多くの人が外注化を目指します。そこで、ここでは「フル外注で運営した場合に利益が出せるか」を条件にチャンネルを探します。

🔔 売上が立つか

　非属人性YouTubeにおける売上とは「広告収益」です。「アドセンス」とも言います。広告収益を得るための公式は次のとおりです。

再生数 × 広告単価 ＝ 広告収益

　月間再生数と広告単価が分かれば、おおよその月売上が予想できるということです。まずは再生数の調べ方について解説します。

　再生数を調べる方法は次のようにいくつかあります。

- **vidIQの「View channel stats機能」を使う**
- **Social Blade 、カムイトラッカー、ノックスインフルエンサー等を使う**

vidIQの「View channel stats機能」を使う

Google Chromeの機能拡張「**vidIQ**」（https://vidiq.com/）に「View channel stats」という機能があります。これは参照したチャンネルの月間再生回数を確認できる機能です。

vidIQをインストールして機能拡張を有効にし、再生数を確認したいチャンネルページを表示して「View channel stats」ボタンをクリックします。

▶ **View channel statsボタン**

▶ **View channel stats詳細**

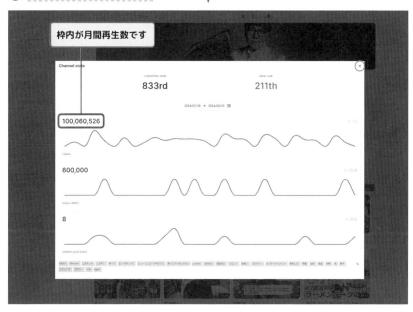

中段は月間登録者増加数、下段は月間投稿本数です。デフォルトでは直近1か月のデータが表示されます。期間を変更して表示することも可能です。

次のような注意点があります。

> ● **時期によって表示方法が変わることがある**
> ● **新しいチャンネルだと表示されない場合がある**

運営歴の長いチャンネルであればほとんど表示されますが、運営歴が短めのチャンネルは表示されない場合があるので、その場合は別の手法を試すことになります。

Social Blade 、カムイトラッカー、ノックスインフルエンサー等を使う

vidIQで再生回数が表示されない場合は、その他YouTube関係ツールを使用しましょう。筆者が主に使用しているのは次の3つです。

> ● **Social Blade**
> ● **カムイトラッカー**
> ● **ノックスインフルエンサー**

ツールによって、調べたいチャンネルが表示されなかったりするので、複数試すようにしましょう。

なお記事執筆時点、カムイトラッカーは自身のYouTubeチャンネルの登録者数が100人以上いないと使えないので注意が必要です。筆者の経験上ではSocial Bladeが一番見やすく多くのチャンネルが表示されるので、本書ではSocial Bladeのみ紹介します。

Social Blade のトップページ（https://socialblade.com/）にアクセスすると、次の画面が表示されます。枠内どちらでも構わないのでチャンネル名を正しく入力してください。表記がズレたり文字数が足りなかったりすると表示されない場合があるので、チャンネルページからコピペすることをおすすめします。

特殊文字を含むチャンネルの場合も表示されないことがあるので、その場合は数文字削って試してみてください。

▶ Social Blade(https://socialblade.com/）で調査したいチャンネルを検索

　チャンネル名で検索すると、次のように候補が表示されます。この中から正しいチャンネルを選びます。

▶ Social Blade チャンネル名検索結果

　選択すると次のような画面に遷移します。赤枠内の「Last 30 Days」が月間再生数です。

▶ Social Blade チャンネル詳細

一日ごとの再生数など多くのデータを確認できるので非常に便利です。画面下の「See Full Monthly Statistics」ボタンをクリックすると、直近1か月分のデータが確認できます。

▶ Social Blade チャンネル詳細（直近1か月分のデータ）

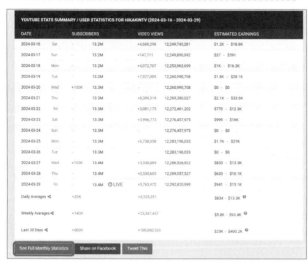

Social Bladeのデータは「完全に正しいデータではない」という点で注意が必要です。筆者が実際のデータと比較して確認したところ、再生数は1〜3日くらいのズレがありました。

また、想定収益の項目はまったくアテになりません。あくまで「ざっくりした再生数を把握するためのツール」として利用してください。

🔔 広告単価

広告単価は次の要素で決まります。

- **動画の尺**（長いほど広告単価が高い傾向）
- **視聴者**（高齢であるほど広告単価が高い傾向）

これは外部から調べられないので推測する必要があります。

筆者の経験上ですが、概ね次のようなイメージです。すべて1再生あたりの広告単価です。

- **ゆっくり解説系**（尺20分以上、高齢）：0.5円〜0.9円
- **ゆっくり解説系**（尺10分程度、高齢）：0.35円〜0.6円
- **ゆっくり解説系**（尺20分以上、非高齢）：0.35円〜0.6円
- **ゆっくり解説系**（尺10分程度、非高齢）：0.25円〜0.5円
- **2ch修羅場系**：0.4円〜0.6円
- **2ch面白系**：0.3円〜0.5円
- **2ch馴れ初め系**：0.25円〜0.4円
- **朗読系**（尺20分以上、高齢）：0.5円〜1円
  ※朗読系で短尺や非高齢はなし

これらはあくまで目安です。また、一年のうち時期によっても変わります。

時期によって変わる単価イメージは次のとおりです。

- **1月：低〜中**
- **2月：中**
- **3月：高（年度末決算の会社が多く、広告費消化があるため）**
- **4月：低〜中**
- **5月：中（ただしゴールデンウイークは再生数が高い）**
- **6月：中〜高**
- **7月：低〜中**
- **8月：中（ただし夏休みで再生数が高い）**
- **9月：中〜高**
- **10月：低〜中**
- **11月：中**
- **12月：高（年末決算の会社が多く、広告費消化があるため）**

　3の倍数月は広告単価が高く、長期休みは再生数が高い傾向です。なので広告単価が高く長期休みもある12月や3月はYouTube運営者にとって稼ぎどきになります。

🔔 月間売上の計算方法

　ここまでの解説で、月間再生数と広告単価が分かりました。あとはそれぞれを掛けることで月間売上の想定が可能です。

　月間再生数は、直近3か月の平均で計算すればブレが少なくなります。広告単価の想定を低めに設定しておけば、大きな下振れがないので安心できるでしょう。

　この計算を、リストアップしたすべてのチャンネルで実施することで、ジャンル内競合チャンネルがどれくらい稼げるのかが見えてきます。

4-3 利益を出せているか❷ 費用はどの程度必要か

次は経費の計算に入ります。

ここでは必要経費を計算します。計算するべき経費は次のとおりです。

❶ ランニングコスト（月間外注費用）
❷ イニシャルコスト（黒字化するするまでの費用）

❶ ランニングコスト（月間外注費用）

運営中の月間外注費用は次の計算式で計算できます。

1本あたりの作成費用 × 月間投稿本数 ＝ 月間外注費用

1本あたりの作成費用の相場の調べ方

1本あたりの作成費用を調べる流れは次の通りです。

① 作業工程の洗い出し
② 各作業工程ごとにクラウドソーシングでリサーチ

作業工程は、台本作成と動画編集が一般的です。朗読系、VYOND系（ビジネスアニメ制作ツールを使った動画）であれば「ナレーション」も追加されます。

> - 台本　　　・ 編集

　上級者になると、運営者が行う作業まで外注する人もいます。

> - チャンネル運営委託（ネタ出し、外注採用）　・ ネタ探し
> - 各ポジション（台本、編集）のリーダー　・ サムネデザイン

　これは上級テクニックです。Chapter10で詳しく解説します。

クラウドソーシングで単価を調べる

　作業の洗い出しが終わったら、次はクラウドソーシングサイトで単価を調べます。受注者メニューでログインしてから、そのジャンルのキーワードを使って案件をリサーチしましょう。

　例えば次のようなキーワードを使用して調べます。

> 「YouTube　修羅場スレ　台本」

　この時にチェックしてほしい数字が2点あります。「単価」と「応募人数」です。案件を全て表示して、単価と応募人数の関係を見ていけば自ずと相場が見えてきます。

　例えば、次のような状況だったとします。

> - 単価1,000円→応募人数は0人が多い
> - 単価5,000円→応募人数は5～7人程度

　この場合、「単価1,000円だと採用できないけど、5,000円出せば人を選べるくらい応募があるんだな」と分かります。では3,000円ではどうだろうか、4,000円なら……と調べることで相場がつかめます。

　このリサーチを各工程ごとに実施して足し合わせることで、1本あたりの作成費用が算出できます。リサーチ段階では少し高めの想定単価を設定しておくと、利益の下振れが少なくなるので安心です。

：月間投稿本数の調べ方

月間投稿本数は、競合チャンネルのチャンネルページから目視で簡単に確認可能です。3か月の平均をチェックすればブレが少なく安全でしょう。

：ランニングコストと月間利益の計算

作成単価と月間投稿本数が分かったら、それぞれを掛けて月間外注費用を計算しましょう。

例えば、1本あたりの作成単価が7,000円で月間投稿本数が20本の場合は「7,000円×20本＝14万円」となります。

この額が月間売上（想定）を下回れば利益が出るチャンネルと判断できますし、売上と経費の差が大きければ大きいほど利益が残るということです。

❷ イニシャルコスト（黒字化するまでの費用）

次にイニシャルコスト（黒字化するまでの費用）の計算です。

本来「イニシャルコスト」は「事業を始める際にかかる費用や新たに機器などを導入する際にかかる費、導入時に一度だけかかる費用」という意味ですが、非属人性YouTubeでは「黒字化するまでの費用」という意味で使います。イニシャルコストを計算するのに必要なデータは次のとおりです。

- ● 競合チャンネルが収益化するまでにかかった期間の平均
- ● 競合チャンネルが収益化するまでにかかった本数の平均

：競合チャンネルが収益化するまでにかかった平均期間

競合チャンネルが収益化するまでにかかった平均期間は、比較的簡単に調べられます。ポイントとなる数字は次の2つです。

- ● チャンネル登録率の平均
- ● チャンネルごとの再生数の推移

チャンネル登録率は「チャンネル登録者数÷チャンネルの総視聴回数」で

計算できます。

　1%なら100再生で1人登録、0.2%なら500再生で1人登録していると
わかります。チャンネル登録率はジャンルごとに傾向があります。

　例えば、ゆっくり解説の知識系（歴史や科学など）なら1%、2ch修羅場
系なら0.2〜3%などです。チャンネルの運営例によっても傾向があり、若
いチャンネルほど登録率が高くなる傾向にあります。

　まず、ジャンル内で「平均チャンネル登録率」を算出してください。ジャ
ンルの平均チャンネル登録率がわかれば、「収益化したタイミングの総視聴
回数」が判明します。

　YouTubeの収益化条件はいくつかありますが、難しいのは「登録者1,000
人」「総再生時間4,000時間」の2つです。非属人性YouTubeでは4,000
時間は簡単に達成できるので、実質的には登録者1,000人を超えていれば
収益化したと判断できます。

　「1,000人を超えたタイミング」がわかれば、そのチャンネルが収益化し
たタイミングもわかりますよ。その類推に使うのが**チャンネル登録率**です。

- チャンネル登録率平均が1%→10万再生
- チャンネル登録率平均が0.2〜0.3%→33〜50万再生
- チャンネル登録率平均が0.1%→100万再生

　再生数の推移は「vidIQ」「Social Blade」「カムイトラッカー」「ノックス
インフルエンサー」などのツール・サービスで調べます。

　推移を見て収益化達成のタイミングがわかれば、自ずと「収益化までにか
かった期間」が導けます。

　この計算をジャンル内の全チャンネルで実施すると、収益化までにかかっ
た平均期間が算出できます。

：競合チャンネルが収益化するまでにかかった平均本数

　収益化までの期間がわかれば、各チャンネルのチャンネルページへアクセ
スし、期間中に投稿した本数を目視で確認します。

　投稿動画を削除している可能性もありますが、誤差なので考慮せず大丈夫
です。ただし、相当数削除していた場合は平均計算に入れないようにします。

収益化までにかかった本数が分かれば、1本あたりの作成費用を掛けることでイニシャルコストが判明します。そこに期間を合わせることで月間イニシャルコストも同時に分かります。

収益化条件達成から審査完了までは数日かかるので、1週間を想定しておきます。投稿頻度がわかっていれば1週間の投稿本数がわかるのでイニシャルコストに足しておきます。ここまでわかればあとは計算するだけです。

計算の例

- 月間投稿本数：20本
- 月間売上：60万円
- 1本あたりの作成費用：1万円
- 収益化までにかかった期間：2か月
- 収益化までにかかった本数：40本

A ランニングコスト	月間約20万円 （1日あたり約0.7万円）
B 月間利益	約40万円（1日あたり約1.3万円）
C 収益化条件達成までにかかる費用	約40万円
D 収益化審査中にかかる費用	約5万円
E イニシャルコスト（C＋D）	約45万円
F 赤字回収にかかる日数	（E÷1.3万円）：34日
G 黒字転換するまでにかかる日数	60日＋34日＝94日

このジャンルの場合「45万円の金銭的リスク」「90日間の時間的リスク」を賭けて「月間利益40万円のリターン」を得られるかどうかの勝負ということになります。

なお、この計算はフル外注で行った場合です。自分一人で運営する場合や、部分外注（台本だけ外注、編集だけ外注）の場合はコストが下がります。

また、「収益化までは自分で運営して、得られた広告収益で外注化する」などであればランニングコストのみの計算でかまいません。

ここまでの手順で「利益が出る」と判断できれば、次は再現性の高さを確認しましょう。

Chapter 4
成功チャンネルに学ぶ競合リサーチ

4-4　再現性が高いか

これから「自分で再現できるかを知る方法」を解説します。
再現できるか否かは次の2段階で考えます。

> ❶ 現在のYouTube市場で再現可能性は高いか
> ❷ ❶を満たす場合、自分の状況で再現可能性が高いか

❶ 現在のYouTube市場で再現可能性は高いか

　非属人性YouTubeのジャンルには、ある程度のスキルがあれば誰でも伸ばしやすいジャンルと、誰がやっても伸ばしづらいジャンルがあります。

　前者は、ここまで何度も紹介してきた「直近で伸びているチャンネルが複数あるジャンル」です。テーマ自体に需要がありライバルも少ないので、個人のスキルやセンスにあまり依存せず伸ばすことが可能です。

　過去の例でいうと次のようなジャンルです。

- **2020年のゆっくり解説×食の健康ジャンル**
- **2021年後半の2ch面白系ジャンル**
- **2022年前半の2ch修羅場系ジャンル**
- **2022年後半の2ch有益雑学系ジャンル**
- **2023年前半の2ch馴れ初め系、なんJ系、日本賞賛系、国際情勢系ジャンル**

　これらは、一定レベルの動画を作れば、比較的簡単に伸ばせました。

しかし、ジャンルのトレンドが終わっていたり、ジャンルが成熟していたりする場合は、競合と同じ頻度で投稿しても伸びづらい場合があります。

　例えば次のようなジャンルは、2020年以降に開設されたチャンネルが伸びづらい状況でした。

- LINEスカッと系ジャンル
- vyondスカッと系、海外の反応系ジャンル
- 漫画動画系ジャンル

　2022年後半に大流行した2ch修羅場系ジャンルも、2022年前半であれば一定レベルの品質と適切な投稿頻度で簡単に収益化できていましたし、月100万円も簡単でした。しかし2023年後半になると、当時より質も頻度も高いチャンネルがあまり伸びなかったりします。

　もちろん全然伸びないということはありませんが、伸びづらいということです。そのため、できれば勢いのあるジャンルに参入するのが良いでしょう。

　目安としては、次の条件を満たすチャンネルが複数存在すると、現在のYouTube市場で伸びやすい可能性が高いです。

- 開設日が近い。できれば3か月以内
- 投稿本数が少ない。できれば30本以下
- 登録者が少ない。できれば2万人以下
- 大手のサブチャンネルではない

　上記の条件を満たすチャンネルが複数あれば、一定レベルの品質と頻度を守れば伸ばせることがわかります。

　注意点として、次の条件に当てはまらないかをチェックしてください。

- テレビや雑誌等で取り上げられた
- ゲームの新発売時期だった
- アニメや漫画が注目される時期だった
- オリンピックやワールドカップ等のイベントがあった

要はYouTubeの外、社会的な要因があったか否かです。

外的要因で伸びていた場合、YouTubeだけで再現することは困難です。この場合は、直近3か月以内に開設された伸びているチャンネルが複数あったとしても避けるのが無難です。

❷ 自分の状況で再現可能性が高いか

現在のYouTubeで再現可能性が高くても、自分で再現できないと意味がありません。そこで次は自分の状況を確認します。

まずは次の項目を整理しておきましょう。

- 自分が使える時間
- 自分が使える月間外注費
- 自分が持っている知識、技術
- 自分の性格、趣味嗜好、センス

上記をまとめて「**自分のリソース**」とします。

次に、参入したいジャンルの次の項目を調べましょう。

- 月間投稿本数
- 1本作成するのにかかる時間
- 1本作成するのにかかる費用
- 台本を作成するのに必要な知識、センス
- 編集を再現するのに必要な技術、センス

上記をまとめて「**必要事項**」とします。

「自分のリソース」で「必要事項」をクリアできるかを検討する必要があります。

経験が浅いうちは、必要事項を正確に測ることは困難ですが、ざっくりとでいいので判断してください。相談できる人がいる環境であれば、聞いてみると的確な答えが返ってくるでしょう。その際は、自分が過去に書いた文章や、編集した動画をポートフォリオとして見せると、回答の精度が増します。

完全未経験者であれば、試しに動画を作ってみることで判断できます。

今まで数百人の相談に乗ってきた筆者が見た「よくあるジャンル選びミス」をいくつか紹介します。

投稿頻度を再現できないのに参入してしまう

例 「2ch修羅場系が伸びる」と聞いて参入したが、競合のように毎日投稿できない

台本と編集のクオリティを再現できないのに参入してしまう

例 「ずんだもん系が伸びている」と聞いて参入したが、競合のような面白くテンポのよい動画が作れない

視聴者の需要がつかめていないのに参入してしまう

例 「ゆっくり解説のスピリチュアル系が伸びている」と聞いて参入したが、視聴者（50代以降の女性）の気持ちがわからず需要を満たせない

例 「スポーツ系が流行っている」と聞いて参入したが、動画を作るスピードが遅くニュース発表直後に投稿できない

YouTubeポリシーに違反している

例 エロ系、暴力系等

著作権あるいは肖像権を侵害をしている

こういったミスを犯すと、次のような弊害が起きます。

- **そもそも伸びない**
- **伸びても収益化されない**
- **BANされる**

自分のリソースをしっかり把握したうえで、必要事項を調べてから参入するように心がけましょう。

なお、必要事項が測り切れない場合は「とりあえず参入してみる」という決断も有効です。まずは行動を起こしてみてください。

4-5 競合チャンネルの再現❶ ベンチマークを決める

　前節までのリサーチが完了したら、次は「成功事例をどのようにして再現するか」を検討します。

　手順は次のとおりです。

---
❶ ベンチマークチャンネルとその他競合チャンネルを決める
❷ ベンチマークチャンネルを分析する
❸ その他競合チャンネルを分析する
❹ 伸びていないチャンネルを分析する

　本節では❶を解説し、❷〜❹は次節以降で解説します。

❶ ベンチマークチャンネルとその他競合チャンネルを決める

　これまでのリサーチで、あなたの手元にはジャンル内のチャンネルのリストがあります。このリストのチャンネルを次のように整理します。

- ベンチマークチャンネル（マネをしていくチャンネル）
- その他競合チャンネル（参考にするチャンネル）

　非属人性YouTubeチャンネル運営の基本のキは「**成功事例をマネすること**」です。成功事例とは「視聴者の需要をつかんでいるチャンネル」です。視聴者が動画を見て楽しんでいるから伸びているのです。

初心者～中級者は、成功事例をしっかりマネして、視聴者の需要があることが実績でわかっている動画を淡々と作りましょう。その際、多くのチャンネルのマネをすると軸がブレてしまうので、マネをするチャンネルを1つに決めます。

マネをするチャンネルを「**ベンチマークチャンネル**」(以降、ベンチマーク)と呼びます。なおベンチマークは複数存在する場合があります。

「1つに決める」と説明したベンチマークチャンネルが「複数ある場合がある」というのは、「企画や戦略」「サムネイル」「編集」などでそれぞれベンチマークするチャンネルが異なる場合があるためです。

- 企画や戦略はAチャンネルをベンチマーク
- サムネイルの雰囲気はBチャンネルをベンチマーク
- 編集の雰囲気はCチャンネルをベンチマーク

▶ テーマごとにベンチマークするチャンネルが違う

この場合、戦略等を分析するのはAチャンネルなので、ベンチマークするのは実質1チャンネルのみです。

それが判断できないうちは1つのチャンネルのみベンチマークにするのが無難です。これは運営歴が長くなれば自然に理解できるので、今は焦らなくて大丈夫でしょう。

87

今回はベンチマークを１つだけ決めて分析する方法を解説します。

拡散倍率

　ベンチマークチャンネルを決めるにあたり、知っておくべき用語があります。「**拡散倍率**」という言葉です。

　拡散倍率は、ある動画がチャンネル登録者数に対して、何倍の人に視聴されたかを表す数値です。「登録者１人に対し〇人が視聴すること」を意味しています。 例えば拡散倍率が３倍であれば「登録者１万人のチャンネルで３万回再生された動画」です。

　拡散倍率は運営中も常に気にする大事な数値です。ここで意味を覚えておいてください。

　ベンチマークを選ぶ際の条件は次のとおりです。

- 拡散倍率３以上の動画が３つ以上あること
- 初動画投稿から３か月以内であること
- 登録者２万人以下であること
- 動画の投稿本数が30本以下であること
- 大手のサブチャンネルではないこと
- グレー（著作権侵害、肖像権侵害）な動画で伸びていないこと

　数値（３か月以内、登録者２万人以下など）は目安です。ジャンル内のチャンネルと比較して基準を決めてください。

　上の条件を満たす動画が複数ある場合は、さらに次の要素を比較して、１つのチャンネルに絞りましょう。

- ① 平均再生数が高い
- ② チャンネル登録率が高い
- ③ 自分が面白いと思える動画が多い
- ④ 何となく好き

① 平均再生数が高い

ベンチマーク候補が複数あって迷う場合は、各動画の**平均再生数が1番多いチャンネル**を選びましょう。平均再生数が高いということは、それだけ視聴者の需要を的確につかんでいると判断できます。

ただし、1つだけ突出して伸びた動画があって、それが平均再生数を押し上げている場合は注意が必要です。1つだけ動画が伸びることはよくありますが、その他の動画が伸びていないのであれば視聴者の需要をつかめているとは言えないからです。

全体的に満遍なく再生されているチャンネルがいいですね。

② チャンネル登録率が高い

チャンネル登録率が高いということは、視聴者が「今後も見続けたい」と思っているということです。つまり視聴者の需要を満たせているということなので、有力なベンチマーク候補となります。

ただし、**チャンネル登録率は市場に参入したタイミングが早いほど高く、遅いほど低くなる**傾向があります。その市場に他のチャンネルがない場合、視聴者はそのチャンネルを貴重に感じるため、登録率が高くなります。

つまり、チャンネル登録率は市場参入のタイミングで変わってしまうので、①の平均再生数に比べてベンチマークにする根拠が低くなります。

参考指標の1つではあるので、迷ったらチェックしてみてください。

③ 自分が面白いと思える動画が多い

同じジャンル内のチャンネルでも、企画の方向性が違っていたり偏りがあったりします。

2ch修羅場系の汚嫁間男ジャンル（女性の浮気による修羅場）を例にすると、次のようにネタの方向性が少しずつ異なっていたりします。

- **イッチ（主人公、被害者）が汚嫁と間男（加害者）へ徹底制裁するネタが受けているチャンネル**
- **汚嫁と間男の悪事や、イッチの制裁方法がユニークなネタが受けているチャンネル**

このような場合、どれかが正解というわけではなく好みなので、いくつか視聴して好きなチャンネルに決めましょう。

　なお「このセンスは再現するのは難しい」と感じたら、その時点でベンチマーク候補としては外してください。

：④ 何となく好き

　非属人性YouTubeでは運営者の個性はないと思う人もいるかもしれません。実は、運営者の個性がチャンネルに出ています。企画の出し方やサムネの作り方、編集などには運営者の性格が反映されることもあります。

　そのため「何となくこのチャンネル好きだな」と感じたら、そのチャンネルをベンチマークにするのも1つの手です。

　筆者も最初は「稼げるならどんなジャンルでもやるべき」と教わりました。しかし、100人以上の受講生を指導する中で「苦手なジャンルでは成功しづらく、好きなジャンルでは成功しやすい」という傾向があることがわかりました。

　それからは、初回ヒアリング時に受講者の好みをたずね、苦手なことは極力避けるように指導しています。ベンチマーク候補が複数あって悩み、最後まで決め切れない場合は「好きかどうか」で判断しましょう。

競合チャンネルの再現❷
4-6 ベンチマークチャンネルを分析する

　ベンチマークが決まったら、丸裸にするくらい徹底的に分析します。分析する要素は次の2点です。

---

❶ ベンチマーク運営者の思考の流れを分析
❷ ベンチマーク視聴者の分析

---

❶ ベンチマーク運営者の思考の流れを分析

　ベンチマークを分析する際、単に表面上の情報だけを見るのは分析が浅いです。大事なのは「ベンチマーク運営者の思考の流れを知ること」です。

　ベンチマーク運営者の思考を読み解くためのポイントをまとめました。

---

❶ チャンネル開設初期はどのように伸ばそうとしていたか
❷ 開設後に伸びたきっかけは何か
❸ 伸びた後はどのような戦略で運営しているか
❹ 伸びているサムネ・タイトルでのキーワードに傾向はあるか
❺ 伸びていないサムネ・タイトルのキーワードに傾向はあるか
❻ サムネイルで使う画像や構図の判断基準は何か
❼ タイトル構成はどうなっているか
❽ 台本の情報収集先はどこか
❾ 台本で気を付けているポイントはどこか
❿ 画像素材や映像素材の収集先はどこか
⓫ 動画の尺や投稿頻度はどれくらいか

⓬ 概要欄やタグなどのメタ情報はどのように設定しているか
⓭ チャンネルの世界観はどうなっているか

❶〜❸は、動画を古い順で並び替えてサムネ・タイトル（サムネイルとタイトル）から推測します。

すべて自分の仮説で構いません。運営者の考え方に肉薄するつもりで考えることが大事です。

例えば次のような点に注目します。

- 同じようなネタばかり投稿している
- このネタが伸びたから、以降も同じようなネタばかり投稿している

初めて分析する場合は、仮説はおそらく実際の運営者の思考とはズレているでしょう。しかし、経験を積めば精度は上がっていきます。

大事なのは「仮説を立てること」と「検証すること」です。面倒な工程ですが必ず行ってください。

サムネイルにはルールがある

❹〜❼はサムネとタイトルを分析します。

例えば「2ch修羅場系チャンネル」でも、チャンネルによって使うワードには偏りがあります。

女性向けチャンネルの場合は次のようなキーワードが目立ちます。

- 夫 　　• 義実家 　　• 姑 　　• 嫁いびり

一方、男性向けチャンネルの場合は次のようなキーワードが目立ちます。

- 汚嫁 　　• 間男 　　• 不倫 　　• 托卵

他にも、闇雑学系のチャンネルであれば、次のようなキーワードが目立ちます。サムネイルの構図は4分割であることが多いです。

- ● 解明不可　　　● 謎　　　● 行ってはいけない

　アニメ漫画解説やゲーム解説系であれば、縦4〜5分割のサムネが多い
ことに気付くはずです。

　このように、**ジャンル内のサムネ・タイトルにはルールがあります**。この
ルールを見抜くことが非常に重要です。

　そのジャンルの視聴者は、普段から似たサムネやワードを見慣れていま
す。そのため、似たサムネ・タイトルを見ると、無意識で「自分に関係ある
動画だ」と感じます。

　逆に、同じジャンルでもまったく違うサムネ・タイトルであれば、その
ジャンルの視聴者に気付いてもらえません。

　動画が再生されるためには、おすすめ動画や関連動画などで表示されたう
えで、サムネイルをクリックしてもらう必要があります。クリックされるた
めには、まず気付いてもらう必要があります。

　ジャンル内のルールを完全に把握してください。そして、ルール通りのサ
ムネ・タイトルを作ってください。

▶ **ジャンル内のサムネ・タイトルのルールを守る**

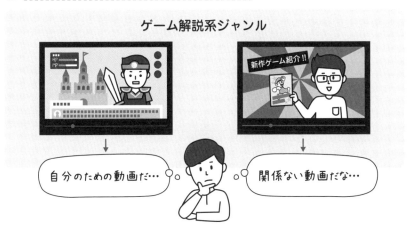

　サムネ・タイトルには実は縛りがあることがわかったと思います。伸びて
いるチャンネルは、その縛りの中で最大限クリック率を高めるための工夫を
します。**独自に工夫する余地はあまりない**ということです。

Chapter 4
成功チャンネルに学ぶ競合リサーチ

93

ルールが完成していない新しいジャンルなら自由に作成して構いませんが、ある程度成長したジャンルであればルール通りに作成しましょう。

　また、サムネ・タイトルを分析すると、ジャンル外にトレース元があることに気付いたりします。別の編集フォーマットや、海外チャンネルを参考にすることもあります。

台本や動画の素材を分析する

　❽〜❿は動画の作りについての分析です。

　この分析には「**文字起こし**」をおすすめします。

　台本のネタの収集先は、次のようにブログやYouTubeの他動画などが多いでしょう。

- ブログやサイト（**Google検索で見つかりやすい**）
- **YouTube内の他動画**（**タイトルやサムネワードで検索すると見つかりやすい**）
- **書籍**（**特定しづらい**）

　情報収集元の情報と文字起こし台本を見比べてみましょう。

　内容の噛み砕き具合や、元ネタが複数の記事か1つの記事か、書籍や自分が持っている知識を元に台本を作成しているかなどがわかります。

　情報収集方法がわかれば、同じように台本を作成することも可能です。面倒でも必ず調べるようにしてください。

　画像や映像素材は、多くのチャンネルが同じ収集先から集めています。「イラストAC」（https://www.ac-illust.com/）などの素材サイト内で探せば見つかります。情報や素材の収集先が特定できたらメモしておいて、マニュアルに組み込みましょう。

　⓫〜⓬は簡単にわかると思います。

　⓭は、チャンネル名やチャンネルアート、アイコン、画面構成、BGMなどですね。これらを一言で表すと「世界観」です。動画の世界観についてはChapter 5で解説します。

　ここまで徹底的に分析できれば、運営のイメージが強く固まってきたと思います。

❷ ベンチマーク視聴者の分析

ベンチマーク運営者の思考を分析したら、次は「**ベンチマーク視聴者**」を分析しましょう。

リサーチするのは主に**ベンチマークのコメント欄**です。

コメント欄には視聴者の属性やニーズ、ネタのヒントが隠れています。

視聴者の属性とは次のような要素です。

- **年代**　　• **性別**　　• **知識レベル**

ニーズとは「どこに目線が向いているか」です。

視聴者の年代や性別が分かると、使う言葉や言葉遣いが変わります。例えば視聴者に40代〜50代の男性が多いのであれば、次のようなキーワードへの反応が良くなります。

- **仕事関係のワード**
- **収入関係のワード**
- **病気関係のワード**
- **30〜40年前に流行したこと**

また、視聴者の知識レベルがわかれば、台本の噛み砕き具合を調整できます。視聴者の知識レベルが低ければ、徹底的に寄り添うような説明をします。ある程度の知識がある場合は、詳細説明を省いてテンポ感を演出したり、あるあるネタを入れたりできます。

視聴者の知識レベルに応じたネタ出し

知識レベルはネタ出しそのものにも直結します。

YouTubeではほとんどのジャンルで「視聴者の知識レベルは低い」傾向にあります。例えばゲーム解説では、やりこみ要素を強めるよりも「残念なボス〇選」「最強武器ランキング」といったネタが受けます。初見で難しそうと感じたジャンルでも、作りやすい事例は結構あるので調べてください。

視聴者の年代や性別はアナリティクスでデータが取れればすぐにわかります。しかし、参入前はコメントから判断するしかないので、しっかり分析しましょう。

視聴者のニーズを分析する

視聴者のニーズを分析します。視聴者のニーズとは「どこに視聴者の目線が向いているか」です。大きく「内容」あるいは「編集」に分類できます。そして、それぞれが「ネガティブ」「ポジティブ」で分類できます。

視聴者が、動画の内容についてコメントしたものは台本に活かします。同じように、編集についてのコメントは編集に活かします。

ネガティブな意見は自分の動画では改善し、ポジティブな意見はそれを取り入れたりもできます。

コメントの種類と数を分類すれば、次のようなポイントがわかります。

- どんな需要があるのか
- どんな感情が刺激されているか

視聴者の需要と感情を理解できれば、台本のルールも自ずと決まります。

YouTubeでは視聴者の感情を動かすことが大事です。そして、感情を動かすためには「視聴者の感情を理解する」ことが必須です。そのためのコメント欄分析です。

▶ コメントを分析して視聴者の感情を理解する

コメント欄を　　　　　視聴者の属性　　　　　視聴者の
リサーチ　→　　ニーズを把握　→　　感情を理解

なるほど…

高評価コメントや子コメントからヒントをもらう

ここで1つコツを紹介します。

YouTubeのコメントには、コメントごとに高評価・低評価をつけたり、子コメント機能があります。ここに重大なヒントが隠れています。

高評価が多いコメントは、いわば「視聴者の総意」に近いものです。少し大げさに言いましたが、共感している人が多いととらえてください。

例えば「絶対に行ってはいけない心霊スポット」という動画に対して、「この場所の近くにもっと怖い心霊スポットがあるのに、取り上げられてないよな」とコメントがついたとします。このコメントに高評価が多くついていれば、心霊マニアにとって「この動画は情報が足りなかった」ということです。

これは自身が動画を作る場合のヒントになります。動画でその心霊スポットに触れたら、視聴者の満足度を上げられるということです。

このように、高評価が多いコメントには何かしらのヒントがある可能性があるので、意識してチェックしましょう。

次に、子コメントが多いコメントは「賛否両論ある」ことがあります。その内容を動画ネタにすると、たくさんのコメントがつくと予想できます。コメントがつくと動画が拡散される傾向にあります。これもネタ出しの手助けになりますよね。

動画で視聴者がリピートした箇所をチェック

コメントとは少し異なりますが、少し前にYouTubeに新機能が実装されました。再生バー近くにカーソルを置くと、視聴者がリピートした箇所を山のようなグラフで表示する機能です。

これにも重要なヒントがあります。山の高い箇所で視聴者の感情が動いたとわかるからです。この山が前半にある場合、視聴者維持率が高いことが想像できます。

ライバル動画でリピートの山になっている部分を分析したり、逆に谷になっている箇所を分析することで台本に活かすことが可能です。

難しくないのでぜひやってみてください。

4-7 競合チャンネルの再現❸ その他競合チャンネルを分析する

　ベンチマークチャンネルを分析してきましたが、これだけでは少し足りません。その他の競合チャンネルも同じように分析しましょう。

　チャンネル戦略や視聴者像、ネタの出し方や台本の作り方も、それぞれ個性があります。しかし、非属人性YouTubeでは多くの運営者が「ベンチマークをマネる」戦略を取るので、一番伸びているチャンネルに似たチャンネルが乱立している可能性が高いです。

　その場合、根幹の戦略部分や視聴者は同じです。

　ただし、受けている企画が微妙に違ったり、サムネや編集の雰囲気が異なっていたりすることがあります。各運営者が何を考えて運営しているかを分析してみてください。

　主要な競合チャンネルを徹底的に分析できたら、より精度の高いチャンネル設計や企画ができるようになります。なるべく数多くの競合チャンネルを分析することをおすすめします。

　時間的な制約もあるため、分析はある程度のところで切り上げてください。ジャンルにもよりますが、ベンチマーク以外に3〜5チャンネルほどしっかり分析できていれば十分でしょう。

4-8 競合チャンネルの再現❹ 伸びていないチャンネルを分析する

　ここまでベンチマーク及びその他競合チャンネルなどの「成功事例」を分析してきました。ここからは一転して伸びていないチャンネル、つまり「失敗事例」を分析します。

　失敗事例を分析するのは、「伸びていうけるチャンネルだけ分析すると生存バイアスがかかる恐れがあるから」です。

　生存バイアスとは、認知心理学の用語です。失敗した対象を見ずに、成功した対象のみを基準に判断をしてしまうことです。生存バイアスがかかると判断ミスが起こりやすくなります。

　例えば、伸びているチャンネルが「ゆっくり解説ジャンルだった」事実から「ゆっくり解説は伸びる」と判断した場合、これは正しいでしょうか。これなら直感的に「誤っている」とわかりますよね。ゆっくり解説でも伸びていないチャンネルはたくさんあるからです。

　この例はわかりやすかったかもしれませんが、要素が複雑で細かくなっていくと判断ミスが起こります。それを防ぐために伸びていないチャンネルを分析するのです。

　伸びていないチャンネルの原因を言語化できれば、その要素を避けて運営できます。

　よくある例としては次ページのような要素です。

- 競合に比べて投稿頻度が足りていない
- 競合に比べて尺が短い動画が多い
- 競合より台本の質が低い
- 企画がブレている
- サムネが魅力的ではない

　運営戦略の観点から、チャンネルが伸びていない理由を可能な限りピックアップしましょう。

：伸びていないチャンネルで再生回数が多い動画

　そしてもう1つ大事な分析があります。それは「**伸びていないチャンネルで再生回数が多い動画**」の分析です。

　伸びていないチャンネルの中にも、外れ値のように再生回数が多い動画が存在する場合があります。伸びていないチャンネルの中で結果を出しているその動画には、何かしら他より秀でた要素があるはずです。

　ネタに需要があるのか、台本や編集のクオリティが高かったのか、コメント欄が盛り上がっていたのかなど、動画が伸びた理由を検討しましょう。そこに再現性があるなら自チャンネルに取り入れてください。

　同様に、**伸びているチャンネルで再生回数が少ない動画**にもヒントは隠れています。他の動画が多く再生されているのに、再生回数が少ない動画にはやはり原因があると推測できます。

　ただし、伸びているチャンネルで伸びなかった動画は、品質ではない他の要素が理由の可能性もあり、初心者にとって特定が困難なケースもあります。そのため、最初から考慮する必要はありません。運営に慣れてきたら分析してみましょう。

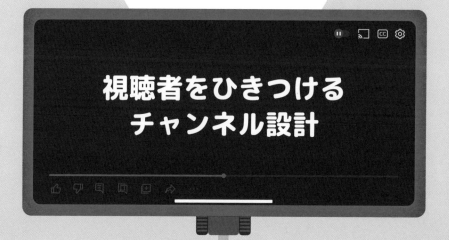

Chapter

5

視聴者をひきつける
チャンネル設計

チャンネル設計は非属人性 YouTube 運営の最初の肝です。設計がブ
レると動画も伸びません。視聴者をひきつけるチャンネルを作るた
めに、コンセプト設計からブランディングの方向性まで、チャンネ
ルの骨格を作り上げる方法を学びましょう。

チャンネルを言語化する

　ジャンルのリサーチ・分析が完了したら、チャンネルの作成に着手していきます。ここで行うのは「**チャンネル設計**」です。

　チャンネル設計とは何でしょうか。筆者が考えるチャンネル設計は「『どういうチャンネルを作るのか』を言語化すること」です。

　チャンネル設計を行わないと、チャンネル運営の方向がブレてしまい、自分でもコントロールできなくなります。目的地へ行きたいのに地図を使わないでスタートするようなものですね。

　自分の中でしっかりとした軸を作ってから運営することで、自分の決めたゴールへ進むことが可能になります。そのためにチャンネル設計をします。

　初心者のうちは「チャンネル設計が間違ってるかもしれない」と不安になることもあるでしょう。これは初心者全員に伝えたいことですが、失敗は気にしなくて構いません。

　初心者のうちは、「正しくチャンネル設計できること」が正解ではなく、「チャンネル設計をすること」自体が正解です。

　チャンネル設計をするためにベンチマークを分析し、競合を分析し、自分なりに仮説を立てます。このプロセスを経ることで実力がつき、チャンネルを伸ばせる人へと成長します。

　チャンネル設計が正しいか間違っているかは脇に置いて、チャンネル設計する自分を評価してください。

　チャンネル設計の第一歩は「**ベンチマークのチャンネル設計の再現**」です。

中〜上級者になれば、視聴者の深いニーズを読み取ってチャンネルコンセプトを作り込んでいきます。

　しかし、はじめはベンチマークのチャンネル設計を再現すれば大丈夫です。チャンネル設計にあたっては、次の項目を言語化します。

---

❶ チャンネルコンセプトを決める
❷ 視聴者理解を深める、視聴者のニーズを考える
❸ その他の要素を決める

---

❶ チャンネルコンセプトを決める

　最初にチャンネルのコンセプトを決定します。

　具体的な事例で解説します。以降の解説内にあるチャンネルコンセプトはすべて著者の分析です。

　「2chスカッと復讐劇」（https://www.youtube.com/@2ch.Revenge/videos）という2ch系チャンネルがあります。動画の多くはアンパンマンや水戸黄門のような勧善懲悪モノで、一般人が悪役に酷い目に合わせられた後、主人公やヒーローに必要以上にボコボコにされる内容です。

　チャンネルコンセプトは「浮気している女性と浮気相手に復讐してスカッとする」です。

▶ **2chスカッと復讐劇**
（https://www.youtube.com/@2ch.Revenge/videos）

「うわさのゆっくり解説【18時30更新】」（https://www.youtube.com/@uwasa33/videos）というゆっくり解説系チャンネルは、長く健康に生きるための知識やコツを整理して解説しています。

　コンセプトは「危険な食べ物や習慣を紹介して注意喚起したり、健康になるための食べ物や習慣を啓蒙する」です。

▶ **うわさのゆっくり解説【18時30更新】**
　（https://www.youtube.com/@uwasa33/videos）

　39ページでも紹介しましたが、「VAIENCE バイエンス」（https://www.youtube.com/channel/UCPKsFwt9ACF-EnJM3xN8wyQ）はナレーション系チャンネルで、2年ほどで登録者100万人まで成長した爆伸びチャンネルの1つです。科学や人体、宇宙に関する「もしも」を解説し、視聴者の好奇心を刺激する動画を公開しています。

　チャンネルのコンセプトは「もしもの話を科学的に考察する」です。

　「ジオヒストリー」（https://www.youtube.com/@geohistoryjp）もナレーション系チャンネルです。普通の画像や映像を使うのではなく、地図をメインに据えて解説することで違った面白さを表現しています。

　チャンネルのコンセプトは「地図を使いながら歴史や地理について解説する」です。

▶ VAIENCE バイエンス」
(https://www.youtube.com/channel/UCPKsFwt9ACF-EnJM3xN8wyQ)

▶ ジオヒストリー（https://www.youtube.com/@geohistoryjp）

　このように、伸びるチャンネルはコンセプトが明確です。チャンネルコンセプトが明快かどうかは、視聴者がそのチャンネルを次も見るかどうかの大事なポイントです。

　真剣にコンセプトメイクをしていきましょう！

　チャンネルの内容や方向性を一言で表したのがコンセプトです。コンセプトが定まっていないとチャンネルの方針がブレるので、伸びているチャンネルを参考にして必ず決めてください。

❷ 視聴者理解を深める、視聴者のニーズを考える

次は「どんな人に動画を届けるか?」を考えます。

「ターゲット」や**「ペルソナ」**などと言います。

チャンネルの対象視聴者がブレると、チャンネルの伸びが止まることがあります。これは、YouTubeのAI(アルゴリズム)が「視聴者属性」の情報を重視して動画を拡散しているためです。

視聴者属性とは「視聴履歴」のことです。YouTubeは視聴履歴で視聴者を把握しています。

例えば、人同士であれば次のような情報で相手を判断します。

---
* **年齢**　　* **性別**　　* **外見**　　* **年収**　　* **性格**　　* **職業**
* **学歴**　　* **出身地**　* **話し方**　* **話す内容**

しかし、YouTubeではこのような視聴者の情報は入っていないため、分かる範囲でユーザーを理解します。その際に用いる情報が視聴履歴です。

YouTubeから見ると、次のように人を判断しているということです。

Aさん：普段は料理系やペット系の動画を見ていて、たまに男性アイドル系の動画も見る人

Bさん：夜の時間帯にスカッと系の動画を見ていて、朝や夕方は自己啓発系の動画を見ている人

Cさん：平日はあまり動画を見ないが、休日にゴルフ系の動画を見る人

視聴履歴には視聴者の趣味嗜好が大きく反映されます。YouTubeは「利用者にできるだけ長くYouTubeのプラットフォーム上に滞在してもらうこと」を目的としているので、視聴者の好みを正確に把握して最適な動画を届けようとします。

非属人性YouTubeの運営者は、その仕組みを使って自分の動画を拡散していきます。そのために必要なのが「視聴者への理解」です。

視聴者を理解するための第一歩が「ベンチマークを見ている視聴者のニー

ズを把握する」ことです。

これも、チャンネルコンセプトで紹介したチャンネルを例に解説します。以降、説明する「視聴者のニーズ」はすべて著者の分析です。

：「2chスカッと復讐劇」の視聴者ニーズ

5-1で紹介した2ch系チャンネル「2chスカッと復讐劇」（https://www.youtube.com/@2ch.Revenge/videos）の視聴者のニーズは「暇つぶし、主人公に感情移入してスカっとすることで日ごろのうっぷんを晴らす」ことだと考えます。

このようなチャンネルの動画には有益性はあまりなく、暇つぶし・うっぷん晴らしがメインの需要だと推測できるためです。視聴者は、暇な時間にボーっと眺めたり、何かの作業をしながら聞き流しているものと考えられます。

あるいは、刺激のない日常の中で刺激が欲しいため、イライラを解消してくれたり気持ちよくさせてくれるスカッと系コンテンツを見て、感情の波を作っているのかもしれません。

また、日常にありそうなコンテンツを好むということは、アニメや漫画、フィクションに現実味を感じられず感情移入ができないのかもしれません。

このようなニーズが分かれば、次のような戦略が考えられます。

- 悪役はより悪役らしく腹立たしい人にしよう
- 復讐は徹底的にやって気持ちよくなってもらおう
- ストーリーは生々しく、かつテンポ良くしよう

そのためにベンチマークの視聴者になり切って考える必要があるのです。

：「うわさのゆっくり解説【18時30更新】」の 視聴者ニーズ

ゆっくり解説系チャンネル「うわさのゆっくり解説【18時30更新】」（https://www.youtube.com/@uwasa33/videos）の視聴者ニーズは「健康で長生きするために危険な食べ物や習慣を避けつつ、安全な食べ物やよい習慣を取り入れたい。自分が行っている健康対策が正しいか確認して安心し

たい」だと考えます。

　一般に、長く健康ですごしたいという人は多く、それを実現するために必要な情報を収集して自分の生活に活かそうとしています。あるいは、健康対策が趣味のような人で「自分の正しさを実感して気持ち良くなる」という需要もあるかもしれません。

：ペルソナを決める

　このように、視聴者の需要を中心に考えることが大切です。

　しかし、最初は視聴者の需要を想像するだけでは、イメージが膨らみづらい場合もあるでしょう。

　そこで有効なのが「ペルソナを決めること」です。

　ペルソナを決めるメリットは大きく2つあります。

> ❶ 企画や動画制作のブレをなくせる
> ❷ 外注の際に意図を伝えやすくなる

　❶ 企画や動画制作のブレをなくせるは、視聴者像が明確であればあるほど需要を的確にキャッチでき、視聴者の好みに合わない動画を作らなくなるからです。

　例えば「ペルソナは女性なのにアイコンが男っぽい」「男性好みのBGMを使ってしまう」などといったことや、「ペルソナは昭和生まれの男性なのに、10代の女性が使うようなワードを動画で連発してしまう」などのケアレスミスを防げます。

　❷ 外注の際に意図を伝えやすくなるは、非属人性YouTubeの醍醐味である外注化を行う際に、制作チームの意思統一が容易になるということです。

　マニュアルを作る際に「ベンチマークのような台本を書いてください」と伝えるよりも「40代以降の健康に悩む女性向けに書いてください」と指示を出した方が、こちらの意図を的確に伝えられます。

　ペルソナで設定するべき項目は自由ですが、一般的には次のような項目を設定します。

- **基本情報（氏名、年齢、性別、居住地など）**
- **家族構成、人間関係**
- **職業、業種、役職、年収**
- **趣味、関心事**
- **価値観、目標**

　漠然とした視聴者層ではなく、「具体的な一人」を決めるわけです。身近な人を参考に決めると考えやすいかもしれません。

　理想は「実在する人」です。直接好み等をヒアリングできるため、直接やりとりできる人だと最高です。自分をペルソナにしてもかまいません。

　ペルソナを決めたら必ずメモして形に残しておきましょう。

❸ その他の要素を決める

　チャンネルコンセプトとペルソナが決まったら、あとはベンチマークを参考にその他の要素を決めていきます。

　決める項目は次のとおりです。

- **世界観（チャンネル名、チャンネルアート、アイコン等）**
- **企画の方向性**
- **投稿頻度**
- **サムネイルのデザイン（サムネベンチマークを別に決めてOK）**
- **台本の型（台本ベンチマークを別に決めてOK）**
- **編集テイスト（編集ベンチマークを別に決めてOK）**

　初心者のうちはベンチマークからズレすぎないように注意してください。

　あまり独創的な設計にし過ぎると「なぜ伸びなかったのか？」の仮説が立てられなくなってしまいます。

　はじめてYouTube運営に挑戦する場合は「ほぼマネる（ただし丸パクリはNG）」の認識で大丈夫です。

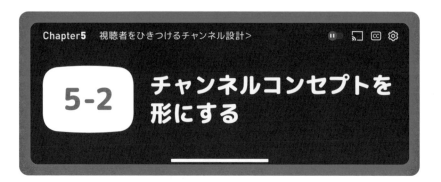

5-2 チャンネルコンセプトを形にする

🔔 「世界観」のつくりかた

チャンネルコンセプトが決まったら、そのコンセプトを形にします。

まずは「**世界観**」から決めていきましょう。

YouTubeにおける世界観とは「チャンネルコンセプトを『**どのような形で表現しているか**』」だと筆者は考えています。

「どのような形で表現しているか」というのは、「アイコン」「チャンネル名」「チャンネルアート」などのチャンネル制作や、チャンネルで使用する「動画フォーマット」で表現します。

ここでは、前節で明確にしたチャンネルコンセプトを、どのような形で伝えるのかを考えていきます。

🔔 チャンネル制作

「アイコン」「チャンネル名」「チャンネルアート」は、チャンネルの世界観を構成するとても重要な要素です。

チャンネルコンセプトで決めたことを、チャンネルの各所にわかりやすく盛り込んでいきましょう。

⋮ チャンネルアイコン

チャンネルアイコンは、視聴者が動画を見るときに毎回表示されるいわば「チャンネルの顔」です。

アイコンを設定する際は、チャンネルコンセプトがもっとも伝わる画像を使いましょう。

　「教養としての世界の政治経済ゆっくり解説」（https://www.youtube.com/@user-gi8xo5yb7y）は、世界の政治経済について地図を使って解説しているゆっくり解説のチャンネルです。

　チャンネルアイコンは「世界」とシンプルにわかりやすいものです。

▶ **教養としての世界の政治経済ゆっくり解説**
　（https://www.youtube.com/@user-gi8xo5yb7y）

　次のチャンネルは「闇世界のツーリスト」（https://www.youtube.com/@Dark-world_Tourist）という、ゆっくり解説の中でも大手のチャンネルです。こちらはイラストレーターが作成したアイコンを使っています。

　チャンネル立ち上げ当初から、オリジナルのアイコンで他チャンネルと差別化をはかっていました。

▶ **闇世界のツーリスト（https://www.youtube.com/@Dark-world_Tourist）**

やはり2ch系チャンネルである「2ch伝説の面白いスレを語るイッヌ」（https://www.youtube.com/@2chinu）は、チャンネル名に「イッヌ」と入れているので犬のアイコンを使っています。

2ch系のチャンネルでよく使われている「いらすとや」の犬のイラストを使っています。

▶ **2ch伝説の面白いスレを語るイッヌ（https://www.youtube.com/@2chinu）**

チャンネルアイコンは、そのチャンネルを象徴するようなキャラクターや人物、言葉などを盛り込むと、どんなチャンネルなのかイメージしやすいです。

アイコン画像は800×800ピクセルであればなんでも大丈夫です。

チャンネルの象徴となるようなイメージをアイコンに設定しましょう。

：チャンネル名

「**チャンネル名**」は「何について発信しているチャンネルなのか」がわかる名前にしましょう。

ジャンル特有の単語（「ゆっくり解説」「2ch」など）がある場合は、その単語をチャンネル名に入れることで、視聴者が検索した際にヒットしやすくなります。

タイトルに「【】（すみつきかっこ）」を用いて、括弧内にジャンル特有の単語を入れることで、見た目を損なわない工夫も有効です。

： チャンネルアート

「**チャンネルアート**」とは、YouTube チャンネルにアクセスした際に一番上に表示される画像です（チャンネルアートを設定していないチャンネルもあります）。

2ch系チャンネルの「やがみ【2chスレ解説】」（https://www.youtube.com/@yagami2ch）のチャンネルアートは、チャンネル名の「やがみ」と「2ちゃんねるのスレを紹介します」という文章で構成されています。チャンネルコンセプトが非常にわかりやすいチャンネルアートです。

▶ **やがみ【2chスレ解説】（https://www.youtube.com/@yagami2ch）の チャンネルアート**

チャンネルアートは、「チャンネル名だけ」や「雰囲気重視の画像」などでも問題はありません。

チャンネル運営で大事なのは動画の面白さなので、チャンネルアートにこだわったから必ず数字が良くなるということはありません。

ただ、コンセプトまで綿密に練り上げたのであれば、それをチャンネルアートで伝えないのは少し損だなと筆者は思います。せっかくなので、何を伝えるチャンネルなのかを、シンプルに短い言葉でわかりやすくチャンネルアートに盛り込んで伝えるようにしましょう。

投稿する曜日が決まっている場合は「毎週金曜日に更新！」といった情報を入れてもいいですね。その場合は「視聴者との約束」になるので、約束を破らないように動画作りを頑張りましょう。

🔔 どんなフォーマットで動画を制作するか

　動画を作る前に、どのようなフォーマットで動画化するのかを考えましょう。チャンネルで公開する動画のフォーマットを固めてしまうことは重要です。

　動画フォーマットを固定すると「飽きられるのではないか」という不安を持つかもしれません。その心配はあります。

　しかし「変わらない安心感」というのも重要です。

　そしてこの安心感が、チャンネル登録させる材料になります。

　自分が普段見ているチャンネルを思い出してください。気に入っているチャンネルの動画の作り（フォーマット）が、意外なほど同じであることに気づくはずです。

　「確かにあのチャンネルはいつも同じスタイルで安心感あるな」

　「いつも気になるネタばっかりでついつい見ちゃうな」

　視聴者が求めていることをやってくれているからこそ、視聴者は同じチャンネルの新着動画を安心して見られるのです。

　動画フォーマットの選択は、リサーチで決めます。

　参入するジャンルのチャンネルがどのようなフォーマットが多いか、伸びている動画をチェックして確認します。するとジャンルの定型パターンが見つかるはずです。これをしっかり真似していきましょう。

　繰り返しになりますが、内容をそのままコピーしてはいけません。あくまで「型」を真似する意識です。

：新規要素を盛り込む場合

　真似するだけでいいのかと不安に感じるかもしれません。しかし、失敗するチャンネルの多くが、オリジナル要素を入れています。

　もし、動画で少し個性を出したいなら、そのジャンル以外で伸びている動画の型を使ってみましょう。

　オリジナル要素も、無から作り出すのではなく、「結果を出している動画」を調べて、それを組み合わせるのです。

　コンテンツが溢れている現代では、完全なオリジナル要素はそうそうありません。

　ほとんどのアイデアはすでに存在している、既存のものの組み合わせでできています。

　その組み合わせがまだYouTubeの中に存在していなければ、あなたのチャンネルは十分「新しいチャンネル」として視聴者に認めてもらえますよ。

5-3 チャンネル設計の セルフチェック

🔔 チャンネル設計のセルフチェック

　ここまでの作業ができているチャンネルは、特別な宣伝などをしなくても、YouTubeアルゴリズムによって露出が増え、数字が伸びていきます。

　チャンネル設計・コンセプト設計もきちんと行ったのに、チャンネルが全然伸びないという場合は、きちんとそれらができているかセルフチェックをしてみましょう。主にチェックするべきポイントは次の2つです。

- **チャンネル設計やコンセプトがズレている**
- **余計なことをしてしまっている**

：チャンネル設計やコンセプトがズレている

　チャンネルが伸びないもっとも多いパターンは、チャンネル設計やコンセプトが「やったつもり」になっているパターンです。

- **参入ジャンルの需要が思っていたよりも少なく見積もりが甘い**
- **コンセプトを絞りすぎてニッチになりすぎている**
- **視聴者の好みにチャンネルを合わせられていない**

　これらは、**リサーチ不足が要因**であることがほとんどです。

　リサーチ方法を知っていても、人によって解釈の仕方が大きく違います。

　アウトプットした動画の品質は、情報の受け取り方によって大きく変わっ

てきます。

　特に、想定する視聴者像の解像度が低く、視聴者のニーズにマッチしきれていないケースがほとんどです。前節までにやってきたチャンネル設計や視聴者ニーズを再度調査し直してみてください。

： 余計なことをしてしまっている

　実は、初心者がYouTubeでやらない方がいいことの圧倒的第1位が「外部から人を連れてくる」ことです。非常に多いケースなので注意してください。

　他のSNSや、家族、知人などにお願いして登録してもらったり、極端なケースでは登録者を買ったりして登録者を増やしているパターンです。

　これはやめてください。なぜならば、**YouTubeアルゴリズム（AI）に誤ったチャンネル情報を渡してしまい、結果的に露出が減る恐れがある**からです。

　YouTubeアルゴリズムのおさらいをします。YouTubeのアルゴリズムは次のように働いています。

---

❶ 動画がおすすめなどに表示される（インプレッションをもらう）
❷ 動画が再生されるか無視される
❸【見られた数】×【見られた時間】の再生時間がたまる
❹ 表示された動画のクリック率や視聴者維持率など、動画への反応が良いとさらに表示される数が増える

　このような流れで動画再生数は増えていきます。

　視聴者の好みに合わせて、YouTubeが動画をクリックしてくれそうな人におすすめをします。おすすめされた人の中からどれくらいの割合で動画を再生したか（クリック率）や、どのくらいの時間動画を見たか（視聴者維持率）によって動画を評価し、その評価に合わせてさらにおすすめの回数が増える、という仕組みなわけです。

▶ YouTube動画の再生回数が増える基本構造

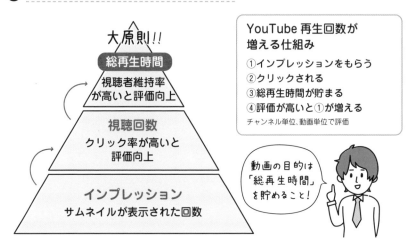

例えば、健康についてのチャンネルを運営していたとします。

体の不調が気になって健康維持の方法に日頃からアンテナを張っている家族や友人が登録してくれているのであれば問題ありません。

しかし、「YouTubeやってるから登録して」とお願いした知人・友人・家族は必ずしもそうではありません。

チャンネル登録者数は増えても、視聴回数、視聴者維持率は悪化します。チャンネルに関心の薄い登録者にYouTubeがおすすめ動画としてあなたのチャンネルの動画を表示しても、クリックしてもらえません。

すると、YouTubeは「登録している人におすすめしたけど、あまり再生されないため、良くない動画だ」と判断するわけです。

動画の評価が下がると、おすすめ動画などでの露出頻度が下がります。この状態でチャンネル運営を続けていると、チャンネル自体の評価が下がってしまうというわけです。

この状態を「チャンネルが死んでいる」と筆者は判断します。

チャンネル登録者を無闇に増やすのは、短期間にチャンネルを伸ばせる可能性がある反面、同時にチャンネルの寿命を縮めてしまう諸刃の剣です。

「絶対いけない」ではなく「初心者はやらない方がいい」と感じます。

基本的に、YouTubeアルゴリズムの中で伸ばす努力をした方が、結果的に早く数字に繋がる可能性が高いです。

5-4　チャンネル設計後の戦略

ここでは**チャンネルの成長方法**を解説します。

　成長方法を知れば、チャンネルの成長曲線がイメージできます。また、次の各段階で何に注目すればいいかを考える材料になるので、最後まで読み進めてください。

> ❶ チャンネル立ち上げ初期
> ❷ ブラウジング開放期
> ❸ 爆発期

❶ チャンネル立ち上げ初期

　チャンネル立ち上げ初期は、チャンネルを立ち上げて数本動画をあげた段階です。

　YouTube チャンネルを始めたことがある人は経験した人もいると思いますが、多くの場合はこの段階ではほとんど再生されません。動画を投稿して24時間経っているのに十数回しか再生されていない……などというのは普通のことです。

　この時期は、おすすめ機能がほとんど仕事をしてくれません。

　基本的に「関連動画」か「検索機能」からの再生がメインです。

　この時期に意識することは「どうやったらライバルの関連動画に載れるか」「どうやったら検索にヒットするか」ということです。

：検索対策

関連動画は、チャンネルの規模が違うとまず表示されないので、基本的に検索対策を中心に行います。

キーワードがどれだけ検索されているかを調べられる「**グーグルトレンド**（Google Trends）」（https://trends.google.co.jp/trends/）などを利用して需要の高いキーワードを調べ、そのキーワードに関するテーマの動画を投稿していくようにしましょう。

少しずつですが再生回数や再生時間が増えて（実績がたまって）いきます。

再生時間が貯まってくると、徐々におすすめ動画に表示されるようになっていきます。淡々とコンスタントに品質を落とさないように動画を投稿していきましょう。

YouTube運営で1番辛いのがこの期間です。頑張って作った動画がなかなか再生されないし、どうやったら伸びるのかよくわからない我慢の時期。

ただ、この時期は少しずついろいろなところにおすすめをして、YouTubeが最適な表示先を見つけるためのデータを集めている時期でもあるので、じっと堪えましょう。

：この時期は「クリック率」を重点的に改善

この段階では、動画を再生されてもすぐに再生終了されるケースも多いです。しかし、YouTubeが最適な表示先を把握するまでは仕方のない時期なので、とにかく**クリック率にこだわって改善**してください。

目安としては直近のクリック率の平均が8%以上、できれば10%以上を目指したいところです。

クリック率が改善されるまで何度もサムネイルをブラッシュアップしてみてください。

サムネイルについてはChapter 6で詳しく解説します。

❷ ブラウジング開放期

検索や関連動画から徐々に再生回数を伸ばして再生時間が蓄積されると、徐々におすすめ動画での表示回数が増えていきます。

ブラウジングが機能し始めたタイミングで、再生回数が急激に増えていき

ます。

∴ この時期は「視聴者維持率」を重点的に改善

この時期でもクリック率は重要な指標なので、引き続きサムネのブラッシュアップは行っていきます。

さらに、ここからは**視聴者維持率**も大事になってきます。

もちろん視聴者維持率は初期から大事な指標ですが、クリック率と視聴者維持率の両方のバランスがより重要になってきます。

視聴者維持率はYouTubeのチャンネル管理画面内のYouTubeアナリティクスで確認できるので、必ずチェックしてください。**視聴者維持率が最低30%**くらいは保てるように動画を改善していきましょう。

視聴者維持率の改善は台本で行います。動画の維持率を高める台本の作り方についてはChapter 7で詳しく解説していきます。

釣りサムネになっていないか

視聴者維持率が低いほとんどのケースは、動画が始まってすぐに離脱されることが原因です。動画の冒頭での離脱を改善するだけで、一気に数字が改善されます。動画開始から30秒に魂を込めましょう！

まずチェックするべき点は**「釣りサムネ」**になっていないかです。

再生した動画が、サムネイルで想像したクオリティや内容と違うと感じたら、視聴者はすぐに動画から離脱します。サムネイルと内容が大きく剥離しないように気をつけましょう。

サムネイルに問題がない場合は、冒頭部分の内容改善が必要です。

動画の内容がすぐにわかってもらえるように構成を工夫したり、動画開始後すぐに本題に入ったりする必要があります。

また、冒頭で気になるキーワードや問いかけをしたりすると、その答えがわかるまでは視聴を続けたくなりますよね。

視聴者の興味を惹きつけられるかが勝負です。中身も大事ですが、冒頭には特に力を入れましょう。

❸ 爆発期

　これまでの作業を丁寧に繰り返して、チャンネルの総再生時間を効率的にためていくと、ある時期から急激に動画再生数が増えます。このときの伸び方は、何が起こっているのか一瞬わからなくなるほどです。

　YouTubeは少しずつ積み上がっていくものと思う人が多いかもしれませんが、実は実際の伸び方は指数関数的に増えていきます。

▶ **YouTubeチャンネルの成長曲線**

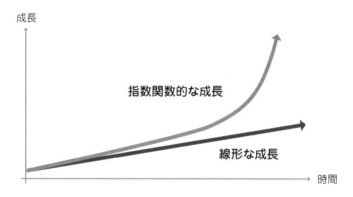

成長

指数関数的な成長

線形な成長

時間

　今伸びないからといって落ち込む必要はありません。正しく続けていれば必ずこの瞬間はやってきます。

　そしてこの爆発期の勢いで、登録者1,000人と再生時間4,000時間という収益化の基準は9割方突破できます。

　チャンネル設計やコンセプトメイクがうまくできていれば、この勢いのまま登録者数1万人もすぐに突破します。

　筆者が手がけたほぼすべてのチャンネルが、この伸び方をしています。

　現在のYouTubeは、実は**立ち上げ直後の若いチャンネルにとても優しい仕様**になっています。

　そのため、運営開始後半年経ってもこの爆発期が訪れない場合は、チャンネルのあり方を今一度見直さないといけないかもしれません。1年経ってもこの爆発的に伸びる時期がやってきていないのであれば、間違いなくチャンネル設計やコンセプトに見直すべきポイントが存在します。

5-5 登録者数は多いほうが良いのか

🔔 登録者数が増えると難易度が上がる

チャンネル登録者数は多い方がいいのでしょうか。

実は、YouTubeチャンネルを伸ばしている運用者の多くが口を揃えて言うのが「**チャンネル登録者が増えると難易度が上がる**」ということです。

登録者が多いメリットを整理してみましょう。

実は、登録者数が多くても、動画の再生回数には影響しません。

5-3でも解説したように、現在のYouTubeアルゴリズムでは登録者数よりも、クリック率や視聴時間、視聴者維持率の方がより重要な指標となっています。

筆者がプロデュースするチャンネルの動画でも、登録者が三桁しかいないのに、再生回数は数十万回というケースはざらです。

登録者数が優先順位として高いのであれば、こういった現象は起こらないはずです。

YouTubeを伸ばす上で登録者の数というのは、そこまで重要な要素ではなくなっているのです。

：登録者数が増えると動画の評価が上がり難くなることも

登録者が増えてくると、登録している人に優先的におすすめが表示されるようになります。これが、運営を難しくする要因になることがあります。

頻繁に動画を見てくれる人だけがチャンネル登録するのであれば好影響になります。しかし、チャンネル登録しただけであまり動画を再生しないユー

ザーが増えると、動画の評価が上がりづらくなり、徐々におすすめで露出する範囲が縮小していきます。

　皆さんが普段目にしているのはトップ中のトップYouTuberたちです。その裏で、チャンネル登録者数が一気に伸びすぎたあまり、伸びたテーマにしか関心がもたれず、それ以外の動画が全然再生されなくなって、数字が落ち込んでいったチャンネルの方が圧倒的に多いのです。

　そのため、一概に「登録者数が多い方が良い」とは言い切れません。登録者数が増えてさまざまな嗜好を持つ視聴者を抱えることによって、伸びるテーマが限定されて運営がシビアになりやすいのです。

　登録者数が多いと権威性ではプラスに働きます。企業からの仕事依頼や案件は増えていきます。

　しかし、各動画の再生数が伸びない、登録者だけが増えたチャンネルでは、企業案件も効果が出づらいため、継続的な依頼は難しくなるでしょう。

　収益化の基準である登録者数1,000人を突破して1万人も超えたら、以降はあまり登録者の数に囚われず、再生回数を重視していくことを筆者はおすすめしています。

　再生回数が増えれば、登録者の数も必然と増えていきます。

　決して登録者の数が多いことを否定しているわけではありません。

　登録者ばかりを追いかけるのではなく、再生回数に重きを置く思考を、チャンネル運営するうえで大切にしてください。

▶ 登録者数が増えるとファン以外の人の割合も増える

Chapter

6

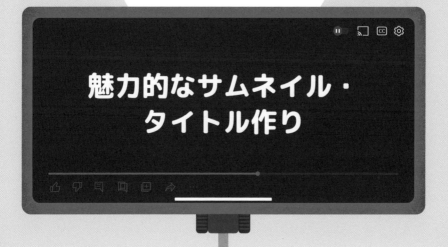

魅力的なサムネイル・
タイトル作り

視聴者に動画を見てもらうためには、まずクリックされることが必要不可欠です。あなたの動画が目立つための方法を身につけるのは、非属人性YouTubeを伸ばしていくには必須のスキル。魅力的なサムネイルとタイトルで視聴者の興味をひきつける方法を解説します。

6-1 サムネイルを考えてみよう

🔔 サムネイルを極めれば YouTube の難易度は下がる

動画内容を伝えるサムネイル。

少し極端な言い方をすると**サムネイルは動画よりも重要**です。ここではサムネイルの役割と重要性について徹底的に解説します。

：サムネイル作成にどれだけ労力をかけているか

サムネイルの役割を確認しましょう。

動画の内容に自信がある、という人は多いと思います。台本作成に2日、編集に2週間かかった渾身の動画です。

そのサムネイル作成に、どのくらい時間をかけましたか？

多くの場合「10分程度」などという答えが返ってきます。

筆者はこういうやりとりを何百回もしてきました。

：サムネイルの出来が悪いと動画は再生されない

サムネイルの役割は「動画を見るためにクリックされること」です。視聴者にサムネイルがスルーされると、動画は見てすらもらえません。

どれだけ良い動画を作っても、サムネイルがお粗末なら動画を見てもらうことすらかなわないわけです。

動画が面白いか面白くないか以前に、その動画は「存在しなかった」ことになってしまいます。それほど動画のサムネイルというのは重要です。

にもかかわらず、サムネ作りを疎かにしている人が非常に多いのです。

伸びていないチャンネルのほとんどの原因はサムネイルにあります。9割方それが原因と言ってもいいかもしれません。

サムネイルをどう改善するべきなのか

筆者がサムネイルの重要性を説くと、必ず次のような相談を受けます。

- どんなサムネイルがクリックされるのかわからない
- 良いサムネイルの作り方がわからない
- おしゃれなサムネイルを作っているのに再生回数が伸びない

サムネイルの重要性に気づいていても、どのように改善していいかわからない。正解の方向性がわからないということです。

「サムネイルを制すものはYouTubeを制する」と言っても過言ではありません。

YouTube運営で成功している人の中には、サムネイル制作に1〜2時間、あるいは半日程度かけている人もいます。1つの動画に対してサムネ3枚、多い場合10枚作る人もいます。

サムネイルを変えただけで一気に動画が伸びて、1万回再生だったのが10万回再生になるということは決して珍しくはありません。

「サムネ制作の実力をつけたら月収が100万円増えた」ということも起こり得ます。

： おしゃれなサムネイルは良いサムネイルではない

多くの人が誤解しているのが「おしゃれなサムネイル」が良いサムネイルであるという認識です。

しかし、これは誤りです。

サムネイルにおしゃれさは必要ありません。

これを機に「本当に正しいサムネイルの概念」を学びましょう。

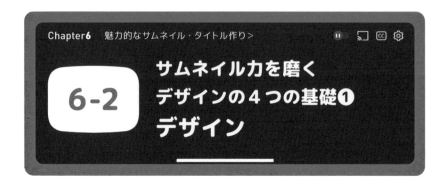

🔔 デザインは知識でカバーできる

　サムネイルの話をすると「自分はセンスがないから……」と感じる人がいます。「良いサムネやイラストを作るにはセンスが必要」と思っていませんか。

　多少のセンスは必要ですが、実は**デザインは知識でカバーできる**ことが多いのです。

　人が「見やすい」と感じるものにはルールがあります。ルール通りであれば「見やすい」「わかりやすい」「オシャレ」となりやすいです。

　反対に、ルールを逸脱しているものを、人は気持ち悪く感じたり安っぽく感じたりします。

　ここではデザインのルールについて学びましょう。

　YouTubeのサムネに応用するレベルであれば、極端に難しい知識やスキルは必要ありません。

　サムネイルのデザインについて、次の4つのテーマに分けて解説します。

❶ デザイン
❷ フォント
❸ 色
❹ キャッチコピー

🔔 デザイン

最初はサムネイルのデザインについてです。

デザインと聞くと「サムネイルを綺麗に作るために必要な知識」と考えてしまいがちですが、デザインの本来の意味は違います。

中国語でデザインは「設計」と書きます。デザインは「目的を達成するための設計」という意味なのです。

サムネイルにおける目的とはなんでしょうか。

クリックされることか、あるいはスクロール（画面遷移）を止めてもらうことか。

これは、半分正解で半分不正解です。

これらは、サムネイルの効果によってもたらされた「結果」です。

サムネイルの目的は「人の心を動かすこと」だと筆者は考えています。

視聴者が「見たい」と思ったからクリックをする。

視聴者が「気になった」からスクロールを止める。

どちらも、サムネイルを見て心が動いたことによって起きる動作です。

では、どうしたら視聴者の心を動かせるのでしょうか。

視聴者の心を動かすには、サムネイルで動画の内容を「伝える」ことが重要です。伝えたいことが伝わらなければ、視聴者の心はこちらを向いてくれません。

動画の内容をサムネイルでしっかり伝えるために、最低限意識しないといけないことが「デザインにおける４つの基本的なルール」です。

それは「近接」「整列」「反復」「強弱」の４つです。

```
● 近接    ● 整列    ● 反復    ● 強弱
```

🔔 近接

　「**近接**」は、情報をバラバラに配置するのではなく、関連する内容をまとめてグループにする方法です。サムネイルのデザインで近接を適切に使うことで、視聴者は直感的に動画の構成を理解できるようになります。

　近接で意識するのは、関連性がある情報の「**物理的な距離**」です。

　人の脳は、複数ある物の関係性を距離でイメージしています。距離が離れていると関係性が薄いと感じ、距離が近いと「これについての説明だな」とイメージしやすくなります。

　例えば、レストランのメニュー表などでも、品名と価格が離れて記載されていると、どれがどれの値段なのかわかりにくくなります。

　これが近接の概念の必要性です。

　関係性が近いものは距離を近づけて、関係ないものは少し余白を作るようにする。これだけで一気に理解しやすくなるので、「情報の距離」に気をつけましょう。

▶ 情報の距離を適切に配置する「近接」

関連する要素を近づけてグループにする

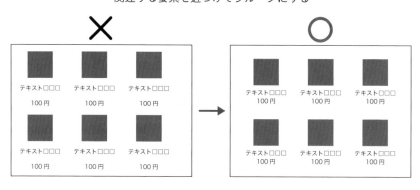

🔔 整列

デザインは「整列」を意識することでより伝わりやすくなります。

「文字の大きさ」「形」「色」などを揃えることで内容に一体感が生まれ、まとまって見やすくなります。

また、配置も重要です。デザインの基本は「どこかに揃える」ことなので、次の図の一番左のようにバラバラに配置するよりも、左揃え・中央揃え・右揃えのようにどこかに揃える意識を持って配置すると、見やすくなります。

▶ 情報を見やすく「整列」する

揃えていない	左揃え	中央揃え	右揃え
ネズミ 牛 虎 ウサギ ドラゴン	ネズミ 牛 虎 ウサギ ドラゴン	ネズミ 牛 虎 ウサギ ドラゴン	ネズミ 牛 虎 ウサギ ドラゴン

整列の見えない線をしっかりと意識してください。

すべてを揃える必要はありませんが、揃えるところは揃え、崩すところは崩すメリハリをつけた方がデザインとしていいでしょう。

▶ Photoshopのガイドライン機能

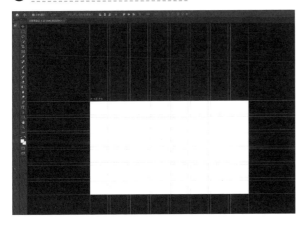

反復

　デザインの中で特徴のあるものは繰り返し使用しましょう。これを「**反復**」と呼びます。

　例えば、次のゆっくり解説のサムネイルを見てください。多くのジャンルで多用されている型です。縦に4分割することで、自然に左から読んでいけますよね。

▶ **ゆっくり解説のサムネイル例（縦4分割）**
　（https://www.youtube.com/watch?v=h3Q2MjZ3Tgg）

　次のサムネイルは、最近流行りの反応集の動画です。

　一見文字がバラバラに配置されているように見えるかもしれませんが、視聴者の反応を吹き出し形式にすることで反復させています。

　同じ要素を反復させることによって、一貫性や統一感のあるレイアウトを作ることができています。

　反復の効果で、見る側が情報を認識するスピードが格段に上がって、素早く的確に情報を伝えられるようになります。

▶ 反応集のサムネイル例
（https://www.youtube.com/watch?v=b5ow0HdY08A）

🔔 **強弱**

　「**強弱**」はコントラスト、メリハリのことです。

　サムネイルを作るとき「この文字は強調したいけど、この文字は目立たなくていいな」など、情報に優先度があると感じているはずです。

　先ほど「反復」で紹介したサムネイルですが、視聴者にもっとも伝えたい情報（抱いてほしい感情）は、「ウタはいったい何者なのか？」という点です。

　それが分かっているから、一番大きな文字で目立たせています。

▶ 「**強弱**」をつけることで伝えたい文字が伝わりやすくなる

　見る側にも、サムネイル内でもっとも大きな文字であることから「これがメインの話題だな」とわかりやすく伝わります。

次の写真は「メニューが読みにくい」（でもそれが呑兵衛にはたまらない）というコラムで紹介されている居酒屋メニューです。

　すべての文字が同じくらいのサイズで、同じ色。距離も一定で情報のまとまりはなく、タイトルや品名の区別もつきません。最初に目を向けるべき場所がわからないので、すべての情報を1つずつ見ていく必要があります。

　もちろん、この例では「いくらメニューを眺めても決められない」という居酒屋ならではの楽しみを伝える文脈で紹介されていますが、デザインの方向性としては不親切な部類に入ります。

　強弱をはっきりとつけて、視聴者の視線を誘導してあげましょう。

▶ 【けしからん酒場その一】メニューが読みにくい
　料理王国（https://cuisine-kingdom.com/keshikaransakaba1/）

　ここまでに解説したデザインの基本四原則を意識するだけでも、あなたのサムネイルは劇的に変化するはずです。

▶ デザインの基本四原則

近接

情報の関係性で距離を調整する。

整列

整列で見えない線を意識する。

反復

同じ情報を繰り返すことで一貫性や統一感を出す。

強弱

強弱をつけることで、どこから見たら良いかをハッキリさせる。

🔔 視線の動きを意識する

　「人間の視線の動き」を意識したサムネイルにすると、サムネイル作成力は大きく変わります。

　人は情報を見たときにどの順で読むかを無意識のうちに決めています。

　とても重要な要素なので、必ずサムネイル制作時に取り入れてください。

🔔 Z字

例えば、横書きの雑誌などは、紙面左上から右上、左下から右下と、「Z」字の流れで読みます。

▶ 人の視線の流れ「Z型」

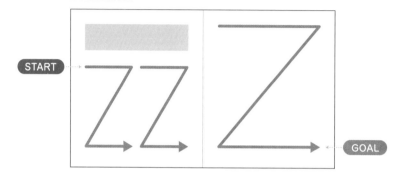

🔔 N字

縦書きの紙面は右上から右下、左上から左下と「N」字の流れで読みます。

▶ 人の視線の流れ「N型」

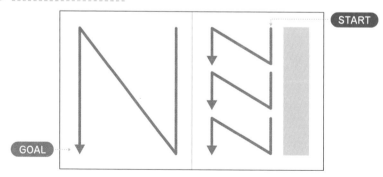

　また、Nの形は縦書きの書面を見る流れなので、少し古いものを連想させる効果が強くなります。動画のテーマが和風なものや古いもの、昔からあるものなどを扱っている場合は「N」の形を意識すると良いかもしれません。

🔔 F字

　F型は、ブラウザでインターネット上のホームページを見たりするときの視線の動きです。

▶ 人の視線の流れ「F型」

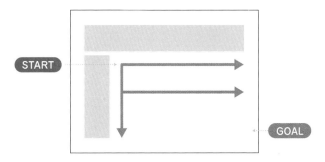

　媒体によって視線の動きは異なり、読む順番も変わってきます。

🔔 YouTubeのサムネは「Z」と「F」

　YouTubeのサムネイルは概ねZ字、F字で視線が動きます。

▶ サムネイルにおける視線の動き① 「Z型」② 「F型」

① Z型

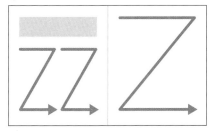

② F型

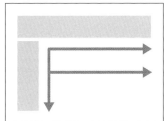

　左上に強いワードや画像を入れることで、自然とクリックしたくなるサムネイルが作れるというわけです。

　サムネのデザインにおいて、視聴者の視線の動きを意識することはとても

大事なことなのです。

　「強弱」で情報にメリハリをつけたら、視線の流れを参考に配置を決めてください。

　なお、左上に必ず強い情報入れる必要があるかというと、必ずしもそうではありません。

　筆者は、強い情報が目立っていれば中央でも画面下部でもいいと考えています。

　文字が雑然と配置されてどこから読んだら良いかわからない絵作りは避け、読んでほしいフレーズに自然と視線がいくように気をつけましょう。

　「目立たせたい情報はあるけれどサムネの構成上そこだけサイズを大きくできない」などの事情がある時には、優先したいものを左側にすることで文章の流れを作ることができます。

　これまでデザインというものを「センス」の一言で片付けていた人も多いと思いますが、デザインは科学です。

　デザインの基礎を学べば誰でも読みやすい、美しいデザインは作れます。

6-3 サムネイル力を磨く
デザインの４つの基礎❷
フォント

「フォント」は文字のデザインやスタイルを表す言葉です。

サムネイルにおいてフォントは非常に重要な要素です。

前述のデザインのルールを守っていても、見当違いなフォントを使ったために台無しになるというケースもあり得ます。

ここではフォントの基本について学びましょう。

🔔 ゴシック体と明朝体

日本語フォントに、大きく分けて２つの種類があるのは多くの人が知っているかもしれません。

ゴシック体と**明朝体**です。

これらフォントにはそれぞれ役割と特性があります。

： 明朝体

明朝体は可読性に優れたフォントです。

横線が細く、縦線が太くなっていて、また横線の始まりの打ち込みや、終わりの右端に三角形のウロコのようなものがついています。線の強弱やウロコなどで文字自体にメリハリがあるので、小さな文字でも読みやすいのが特徴です。

明朝体は「読む」ことに特化している書体で、主に縦書きの新聞や教科書の書体として使われることが多いです。

明朝体

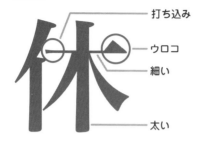

: **ゴシック体**

　ゴシック体は視認性に優れたフォントです。

　横線も縦線も太く、また線の端にはウロコがありません。

　文字のインパクトが強くなるので「見る」ことに特化しているフォントと言えます。

　目立たせることができるので、ポスターやプレゼン資料などで活躍します。遠くから認識する必要がある看板や道路標識などにもゴシック体がよく使われています。

ゴシック体

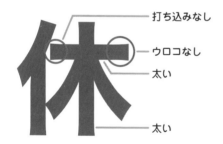

　可読性に優れた明朝体と、デザイン性に優れたゴシック体なので、ぱっと見たときに文字を認識しやすいのはゴシック体です。そのため、**YouTubeのサムネイルには多くの場合ゴシック体を使います。**

　逆に、真面目な雰囲気や古風なイメージを出したいケースでは明朝体を用います。

　フォントには他に「丸ゴシック」「楷書体」「行書体」「隷書体」といった書体があります。ゴシック体と明朝体でフォントの基本を学んだら、そういったフォントを取り入れていってもいいでしょう。

🔔 おすすめのフォント

　フォントの種類によって、伝わりやすい情報に違いがあることはわかったと思います。「これを使わないといけない」というわけではなく、「目的に沿って書体を選ぶ」ということが大事です。

　フォントは無数に種類があり、最初はどれを選べぶべきか本当に悩みます。筆者もフォントを探していて、気付いたら数時間経過していたという経験が何度もあります。

　そこでここでは、YouTubeでよく使われていて、かつ汎用性も高いおすすめフォントをいくつか紹介します。動画テーマに合わせて雰囲気が合うものを選定してみてください。

：源ノ角明朝と源ノ角ゴシック

　最初はベーシックな明朝とゴシック、「源ノ角（げんのかく）明朝」と「源ノ角ゴシック」です。

　シンプルで最も使い勝手の良い、バランスが取れた見やすいフォントです。

　源ノ角明朝と源ノ角ゴシックは、Adobe社とGoogle社が「全世界の言語に対応できるフォントを開発する」ことを目的に共同で開発したフォントです。

　文字の太さ（ウェイト）も7種類あるので、あらゆるシーンで利用できます。この2つはフリーフォントとしてかなり優秀なので、ぜひインストールしてください。

　この2つがあれば基本的には大丈夫と言っても過言ではないくらいですが、もう少しおすすめフォントを紹介します。ゴシック体4点、明朝体4点、その他のフォント1点です。

🔔 おすすめゴシック体

⋮ M + fonts

「**M + fonts**（エムプラスフォント）」は源ノ角ゴシックと比べると少し柔らかい印象のゴシック体フォントです。

　フォントは、開発者がもっとも美しく見えるようにデザインしているものなので、基本的には縦横比はあまりいじらない方がいいものです。しかし、サムネイルを作るときには、文字数が多くてどうしても縦横比を変えたくなることがあります。

　M + fontsは縦横比を多少変更しても文字のバランスが崩れづらく、とても使い勝手がよくおすすめです。

▶ M + fonts（エムプラスフォント）(https://mplusfonts.github.io/)

：コーポレート・ロゴ

コーポレート・ロゴは企業のロゴに使われることをイメージして作られた
ゴシック体フォントです。

少し縦長に設計されているので、文字量が多いものを綺麗に見せたいと
きなどにとても便利です。少し柔らかく優しい印象もあるフォントなので、
ポップなシーンで非常に使いやすいフォントです。

▶ コーポレート・ロゴ（https://logotype.jp/corporate-logo-font-dl.html）

：ラノベPOP

ラノベPOPはライトノベルのタイトルロゴで使われることを想定した
ゴシック体フォントです。おしゃれでポップなイメージを出したいときに、
うってつけなフォントです。少しキャッチーなシーンや砕けた印象を出した
いときなど、エンタメ表現をする際にかなり多用されています。

▶ ラノベPOP（http://www.fontna.com/blog/1706/）

：けいふぉんと！

　ラノベPOPに負けず劣らずの人気なのが、このけいふぉんと！です。大ヒット漫画・アニメ「けいおん！」のロゴをヒントに作られたゴシック体フォントです。ポップかつ、ラノベPOPよりも少し文字の印象が強めです。

　あらゆるジャンルのサムネイルに頻繁に使われているフォントです。

▶ けいふぉんと！（https://font.sumomo.ne.jp/font_1.html）

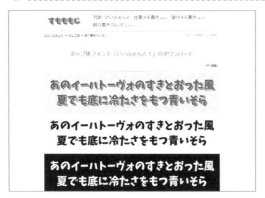

🔔 おすすめ明朝体

：源界明朝

　源界明朝は源ノ角明朝から派生した明朝体フォントです。デザイン的に文字の一部を欠損させています。

　可読性も高いので読みやすく、破壊のイメージやダークな話の見出しにもってこいなフォントです。

▶ 源界明朝
（https://flopdesign.com/blog/font/5146/）

：異世明・異世ゴ

異世明・異世ゴフォントは、異世界にワープするときの「グニャ」っとした雰囲気が出ているフォント（明朝体・ゴシック体の混成フォント）です。文字全体が斜めにズレていたりすることによって、歪んだ雰囲気を作っています。

文字単体でなく、文章全体でも歪み感を作っているのが特徴です。

異世明は、漢字は明朝体でひらがな・片仮名はゴシック体です。異世ゴは、漢字はゴシック体でひらがな・片仮名は明朝体です。本来混ぜるべきでない書体をあえて混ぜることで不調和なイメージが作られており、少し変わった世界感を出したい時や不穏な空気を出したいときに使えます。

▶ 異世明・異世ゴ（https://booth.pm/ja/items/2291468）

：装甲明朝

横線が細くて縦線が太いのが明朝体の特徴ですが、そのメリハリをさらに強調したのが**装甲明朝**です。

インパクトを出したい時や、背景と馴染ませながら印象を強く出したい時などに便利です。

▶ 装甲明朝
（http://flopdesign.com/blog/font/5228/）

： 超極太明朝体

超極太明朝体は有料フォント（明朝体）です。特徴は、とにかく太いことです。

明朝体は一般的にインパクトがゴシック体より劣ります。しかし、どうしても明朝体でインパクトを出したいときにおすすめなフォントです。

▶ **DF超極太明朝体**（https://designpocket.jp/font/detail/15190）

： はんなり明朝

はんなり明朝は、少し女性らしさを感じさせるふんわりとした明朝体フォントです。

線が細いのであまりサムネイル向きではありませんが、小見出しや小さく補足を入れたり可愛らしさを演出したいときにおすすめです。

▶ **はんなり明朝**（https://typingart.net/?p=44）

その他のフォント

：あんずもじ

　女の子感を出したいときは**あんずもじ**がおすすめです。

　女の子が手書きした文字のようなフォントです。女性のVlogサムネや女の子らしい雰囲気を出したい際によく使用されています。

▶ あんずもじ（http://www8.plala.or.jp/p_dolce/site3-1.html）

🔔 フォントを選択する際のコツ

　フォントを探す際の注意点は、オリジナリティを優先しすぎて変わったフォントを選定しないことです。

　視聴者は「既視感」「シンプルさ」を大事にしています。変わったフォントで冒険するくらいなら、フォントじゃない部分で冒険してください。

　フォントで冒険しすぎると「フォントで台無し」になりやすいです。

　大切なことは、視聴者がよく目にしていて違和感を覚えにくいフォントを選定することです。

- **YouTube上でよく使われている**
- **ライバルがよく使っている**

　最初は、結果が出ている動画の真似をすることが非常に大切です。

6-4 サムネイル力を磨く デザインの4つの基礎❸ 色

色は、サムネイル制作でとても大切な要素です。

クリック率が上がらない人の多くに共通するのが次の点です。

- **文字が読みづらい**
- **画像がなんの画像かわかりづらい**

この2つは「色使い」に問題があるケースがあります。

🔔 配色法・色彩心理

色使いが苦手な人の多くは「配色法」と「色彩心理」を知りません。

配色法と色彩心理を少し知っているだけで、サムネイルの印象が大きく変わってきます。

「**配色法**」は色を使いこなすための技術です。

サムネイルを作ってみて、見づらく感じることはないでしょうか。

それはだいたいが色使いが悪いケースです。

色使いのコツを理解するには、「**色相**」「**明度**」「**彩度**」の三つの概念を学びます。

- **色相**
- **明度**
- **彩度**

「**色相**」とは、赤・黄・青など、色合いの違いのことを言います。

色相には「暖色」「寒色」「中性色」があります。

赤やオレンジ、黄色などは「明るい」「熱い」「情熱的」などの印象があります。このような色を「**暖色**」と言います。

反対に、青系の色には「寒そう」「冷静そう」などの印象があります。このような色を「寒色」と言います。

そして暖色と寒色のいずれにも属さない色を「**中性色**」と言います。

これらを１つの円にして関係性を示したものを「**色相環**」と言います。

▶ 色の関係図「色相環」　　　　　　　▶ 補色の関係性

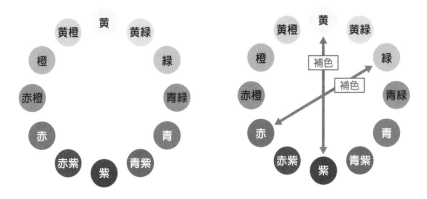

色相環を意識するだけでも配色は上手になります。この色の位置関係を意識することで不自然な配色を減らせたり、目立たせたいものを目立たせやすくなります。デザインの基本である「強調」の効果も高まりやすくなるのです。

色相環の見方を説明します。

向かい合った色同士の組み合わせを「**補色**」と言います。

例えば「黄」と「紫」、「赤」と「緑」といった色です。

補色は、互いを引き立たせる特性を持っています。

逆に、隣に位置する色を「**類似色**」と言います。

類似色は、一緒にいても違和感を感じない色でバランスが取りやすい色です。

色の関係性を特に意識するのは、文字と画像が重なる場面です。

例えば、炎の背景の上に赤い文字を使うと、類似色なので文字が背景に溶け込んで見えづらくなります。

▶ 類似色を使うと文字が見えづらい

　初心者はこのミスが多いです。画像選び、文字選びに必死になって、全体のバランスが見えなくなってしまうのです。
　その場合は背景の炎の色を文字の補色である緑や青に変更したり、逆に炎はそのままで文字を補色にすると見やすくなります。

▶ 背景と補色の関係

　ただし、単純に補色をあてるとコントラストがありすぎて目が痛くなるような見栄えになることがあります。
　その場合は文字色を黒・灰色・白にします。

▶ 困った時の黒、灰色、白

∴ 無彩色

色相環の中には黒、灰色、白がありません。
この３色は「**無彩色**」といい、どの色とも相性が良い色と言われています。
「困ったときは無彩色」と覚えておきましょう。

🔔 明度と彩度

次は「**明度**」と「**彩度**」を解説します。

明度は「どのくらい明るいか」、彩度とは「どのくらい鮮やかか」です。

： 画像の明度を上げる

サムネ作成で注意するのは、「**画像の明度を上げる**」ということです。

文字を目立たせようと明るい文字色を使っているのに、画像が暗い。そんなサムネイルがたくさんあります。

文字は見やすくなりますが、画像が暗く内容がわかりません。

▶ 暗い素材を使っているケース

一次情報が文字だけになっています。

画像の明度を上げたものが次の図です。

▶ 明度をあげることで視認性 UP

こうすれば文字も見やすく、画像のインパクトも同じくらい目に入ってきますよね。

「**サムネイルを1枚の絵ととらえ、全体の明度を統一する**」ということを意識すれば、バランスの取れたサムネイルを作ることができます。

：目立たせたいときは彩度を上げる

彩度というのは「各々の色が持っている個性」といったイメージです。

彩度が高くなると赤はより赤らしく、青はより青らしくなります。

もっとも彩度を下げるとグレーになります。

彩度を意識するのは、サムネイルを目立たせたいときです。

「目立たせたいときは彩度を高く、目立たせたくないところは低く」くらいの認識で覚えておきましょう。

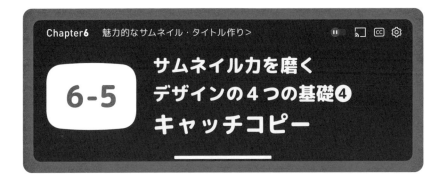

6-5 サムネイル力を磨く デザインの4つの基礎❹ キャッチコピー

🔔 数文字でクリック率が劇的に変化

　キャッチコピーは、ここでは「サムネイル内で使うキーワード」と考えてください。

　キャッチコピーの力をあなどってはいけません。

　たった数文字でクリック率がまったく変わります。動画再生数が10万回、20万回、50万回、100万回と変動する力を持っているのが、このキャッチコピーです。

　キャッチコピー1つで「デザイン」「フォント」「色」すら関係なく数字を伸ばしてしまう可能性すらあるのです。

　キャッチコピーは「**宣伝文句**」という意味です。

　YouTube動画のサムネイルにおいては「**その動画のもっとも面白い部分を強い言葉にする**」と考えてください。

　次の図は、日本人の特殊な能力を集めた動画のサムネイルです。このサムネイルでは「日本人のチート能力」と言い換えています。

▶ ゆっくり解説のサムネイル例
(https://www.youtube.com/watch?v=7wW8UgFqgkI)

「チート」という言葉は、YouTubeで伸びやすい強いワードの1つです。「特殊能力」を「チート能力」のようにクリックされやすい言葉に置き換える方法は非常に有効です。

サムネイルを作るときはこのような「強いキーワード」を探す必要があります。

：有効なキーワードもリサーチする

キーワードを探す上で気をつけて欲しいのは「主観で決めない」ことです。

キーワードもChapter 4で解説した「視聴者の需要をリサーチをした結果」から導き出してください。

「自分が面白いと思うポイント」ではなく「視聴者がもっとも知りたいポイント」を採用するのです。決して間違えないでください。

導き出した言葉を、動画内容と不釣り合いにならないギリギリの強い言葉に置き換えます。

例えば「すごく強い」であれば「最強」「無敵」「チート」などに置き換えるイメージです。

自分の語彙力に不安のある場合は、類語を調べるサイトを利用します。

「連想類語辞典」(https://renso-ruigo.com/)というサイトです。検索窓に単語を入力すると、その単語と同じ意味の類語を表示します。

▶ 連想類語辞典（https://renso-ruigo.com/）

▶ 「強い」の類語

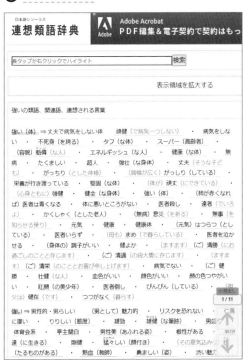

キャッチは「考える」という意識から「調べる」という意識に変えましょう。

🔔 YouTubeのバズワード

ここでYouTubeのバズワードをいくつか紹介します。
まとめ系のキーワードです。

- ○○選
- ランキング
- まとめ

キーワードというより企画の切り口とも言えます。YouTube上にたくさんあるキーワードで、視聴回数も取りやすいものです。

ネットユーザーはタイムパフォーマンスを非常に重視するので、見るだけでまとまった情報が得られるまとめ系コンテンツは人気があります。

次は、よくある設定キーワードです。

- ぼっち
- ニート
- ズボラ
- 借金○○万円
- ○○家族、○○兄弟、○○カップル
- 独身○○（職業）

これを見ると、共感が大事だということが分かりやすいと思います。

次は程度を表す装飾語です。最上級の表現をするときによく用いられているキーワードです。

- 最強
- チート
- トラウマ
- 裏技
- ぶっ壊れ
- 最悪
- 最恐
- 無能
- ガチ
- 劇的
- 究極
- 禁断
- 神回
- 前代未聞
- 鉄板

6-6 良いサムネイルとは

🔔 再生時間を稼ぐサムネイル

「良いサムネイル」とはどんなサムネイルでしょうか。

- インパクトのあるサムネイル
- 内容がわかりやすいサムネイル
- 気になるサムネイル

さまざまな答えがあると思います。このような方向性で考えられた答えであればすべて正解ではあります。

ただ、筆者が考える「良いサムネイルの定義、本質」とは少し違います。

筆者が考える良いサムネイルとは**「再生時間を稼ぐサムネイル」**です。

実は「クリックされるだけ」では良いサムネイルとは言えません。

なぜなら、クリックされるだけでは「釣りサムネ」も良いサムネイルということになってしまうからです。

基本的に誇大な表現でクリックを誘っても、動画の内容が伴わなければ視聴者はすぐに視聴をやめてしまいます。

そのため、釣りサムネではクリック率は高くなるかもしれませんが、視聴時間はとても短い動画になってしまいます。そしてYouTubeは動画のマイナス評価として認識します。

動画の評価が低くなるため、釣りサムネは良いサムネイルとは言えません。

釣りサムネとは異なり、高いクリック率を出しながら視聴者の離脱も少ない、視聴者が長く動画を見たくなるサムネイルが良いサムネイルなわけです。

　これは、至極当たり前のことです。ただ多くの人は、再生回数にとらわれるあまり、この当たり前を忘れてしまいます。

　ただクリックされるだけではなく、再生時間まで確保できるようにする。そのためには「**サムネイルと動画のバランス**」が非常に大切で「サムネイルは動画の一部である」という認識が重要です。

🔔 サムネイルから作る

　動画編集をするとき、どのタイミングでサムネイルを作っていますか？

　多くの人は「動画が出来上がってから」サムネを作っているのではないのでしょうか。

　筆者は逆で、基本的に**サムネイルから作ります**。

　最低でもサムネのキーワード、もしくは基本的な構成を考えてから動画作りに着手します。

　動画作成中に内容が変わった場合は、サムネイルを作り直せばいいのです。

　その場合は二度手間ですが、実際はほとんど起きません。

　なぜなら、「面白いサムネイルが作れなさそうなネタは動画にしない」というルールを課しているからです。

　良いサムネイルができなかった時点で、動画としてはボツにするのです。

　多くの人の動画制作手順は次のような形です。

❶ **ネタ選びをする**
❷ **動画を作る**
❸ **サムネ・タイトルを作る**

　筆者の場合はそうではなく、次のような手順になります。

❶ ネタ選びをする
❷ サムネ・タイトルを作る
❸ サムネイルの良し悪しを判断する
❹ 動画を作る

　基本的に、**サムネイルの内容を絶対に裏切らないように、中身の動画を作っていきます。**

　動画にサムネイルを合わせるのではなく、サムネイルに合わせて動画のクオリティを上げていくわけです。

　そのくらい筆者はサムネイルに徹底的にこだわっています。

🔔 良いサムネイルの条件

　どうしたらクリック率が高く、視聴者の離脱も抑えられるような良いサムネイルを作れるのでしょうか。

　実は、クリック率はネタ選びの段階から大枠が決まってしまいます。

- 視聴者はどんな動画を見たいのか
- どんな悩みがあるのか
- どういった感情で動画に辿り着いたのか

　この需要をしっかりと捉えられていないと、どんなに頑張って動画を作ってもクリック率は上がりません。

　クリック率は次の式で計算できます。

クリック率 インプレッション数 × 再生された回数

　「おすすめなどに表示された回数に対して、何回視聴されたか」という至ってシンプルな数字です。

　一般的に、クリック率は10%以上を目標にします。

　しかし、クリック率10%をクリアしているのに、動画の再生回数が伸び

ないことがあります。

　この場合は３つの理由が考えられます。

　1つ目は**「釣りサムネになっている」**ケースです。

　クリックを意識し過ぎるあまり、サムネで誇大表現してしまい、動画の内容が見合っていないケースです。視聴者がすぐに離脱してしまうので、YouTubeからの評価は低くなります。

　視聴者維持率が低く、釣りサムネになっている場合は、動画の内容や話の構成を見直してみましょう。

　2つ目は**「ジャンル内の平均クリック率に負けている」**ケースです。

　クリック率の良し悪しの判断は、YouTubeのAIが次のように相対的に評価しています。

- **自分のチャンネルの他動画と比べて良いか悪いか**
- **ライバルの動画と比べて良いか悪いか**

　「クリック率10％を超えたら良い」という絶対評価ではなく、自分のチャンネルの過去の動画や、ライバルの動画との比較による評価なのです。

　つまり、あなたのチャンネル内の動画だけが比較対象ではないということです。

　普段の動画よりクリック率が高かったのに動画再生数が伸びない場合は、ライバル動画が強かった可能性があると考えてください。

　3つ目は**「熱心な視聴者（コア層）にだけ人気の動画だった」**ケースです。

　意外な事実があります。それは「再生回数が増えるほどクリック率が下がる」ということです。

　YouTubeのおすすめ機能は、段階的におすすめする視聴者の幅を広げていきます。

　最初は、「高頻度でそのジャンルの動画を見ている人」「毎回そのジャンルばかりを好んで見ている人」といった、言わば**「コア層」**におすすめします。

　コア層の反応率が高ければ、次は少し「好き度合いが薄い層」へおすすめ表示します。

　興味度合いが一番低い層を**「マス層」**と呼びます。

　例えばK-POPが好きな人に向けて、韓国アイドルの動画を出すとします。

K-POPが好きな人の中にも、次のように階層があります。

> ❶ 推しのコンサートに何度も行っていて、家では毎日動画を見ている人
> ❷ 推しのメンバーやチームはあるが、コンサートには行ったことがない人
> ❸ 特定の好きなグループなどはないが、K-POP全体が好きな人
> ❹ K-POPが好きなわけではないが、特定の歌を聞いたりドラマは見たりする人
> ❺ 好きでも嫌いでもない人

❶に近づくほど「コア層」、❺に近づくほど「マス」層です。

YouTubeはいきなり❶〜❺の人へおすすめはしません。

最初はクリックされる確率が高いところへ効率的におすすめします。

コア層にはコア層向けの動画を、マス層にはマス層向けの動画を届けたいのです。

❶の反応がよければ❷の人に、❷の人の反応もよければ❸や❹の人に、といった具合です。

❹の人の反応が微妙であれば❺の人にも響かないので、ここでおすすめをストップします。

❹の人の反応が良ければ❺の人にもウケる可能性があるということで、マス層へ拡散されていきます。

「クリック率が高いのに再生数が伸びない」ということは「コア層は高確率でクリックしてくれたけど、マス層に近づくと急にクリックしてくれなくなった」ということが起きている可能性があります。

つまり、熱心な視聴者にだけ強烈に刺さる動画だった、ということですね。

「クリック率も平均再生率も高いけど再生数が伸びない」という状況が生まれるわけです。

この件についてはYouTubeヘルプ「インプレッションとクリック率に関するよくある質問」（https://support.google.com/youtube/answer/7628154?hl=ja）にもしっかりと明記されています。

YouTubeで再生回数を高めるにはどうしたらいいでしょうか。

答えは「コア層も楽しめつつ、マス層が興味を示す動画を作る」ということです。「マス層が興味を示す範囲」が広ければ広いほど、バズ動画になるわけです。

抽象的な内容で恐縮ですが、実際にYouTubeをやってみて、伸びる動画と伸びない動画を自分のチャンネルで比較した際に、意味がわかってくると思います。

その経験をしたあと、またここを読んでください。きっと理解度が全然違っているはずです。

注意してほしいのが、1つのジャンルに絞って動画投稿し続けていると、いつの間にか製作者の目線はコア層に近づいてしまうという点です。

定期的に「マス層は何を好むのか」に立ち返る癖をつけてください。

難しいことではなく「最近伸びてる動画って何でマス層に受けているのだろう」と意識するだけでOKです。

数字を取り続けている運営者に共通することが、この**「視聴者目線」**を持っていることだったりします。

YouTubeで伸び始めた時期がきたら、ぜひそのときの感覚などをメモに残しておくようにしましょう。

6-7 サムネイル作成力が爆上がりする練習法

🔔 模写から入る

　サムネイル作成の力を上げるためには、練習が1番です。

　サムネイル力が最短で爆伸びする練習法、それは「**模写**」です！

　何事も練習は真似から入る。サムネイルも例外ではありません。

　まずは丸パクリしてください。練習として丸パクリするので、決して公開はしないでください。

⋮ まったく同じサムネイルを作る

　自分が参入しているジャンルで、伸びているチャンネルを見つけたとします。そのチャンネルはあなたよりサムネイル力が高いから、あなたのチャンネルより伸びていることが多いはずです。あなたが初心者であればその可能性はより高いでしょう。

　だからこそ、ライバルのサムネイルと同じサムネイルをまずは作ってみます。注意点は「まったく同じもの」を作ることです。

　同じものを作ろうとして、まったく同じものが作れる人はそれほど多くありません。

　コピーして全部完全に同じものを作ろうとしているだけなのに、作れないのです。

　微妙に文字サイズが違ったり、画像が違ったり、フォントが違ったり、文字の装飾が違っていたりします。

　「完コピして」と言われたら「なんだ真似するだけじゃん」と心のどこか

で舐めている自分がいませんか？

　今日からその認識を変えてください。

　「**完コピ**」というのは、真剣にやった人だけがその偉大さを知ることができる**高等技術**です。ほとんどの人が最初はうまく完コピできません。

　途中で妥協し、諦めてしまいます。

　しかし、諦めて埋まらなかった差の分だけ、ライバルにはずっと追いつけない日々が続きます。

　決して諦めることなく「完全にコピー」してください。

- 何を狙ってこの配置にしたのか？
- なぜこの文字サイズにしたのか？
- この文字の太さにしたのか？
- なぜこの色を選んだのか？

　これらを考えながら模写することによって、どんどん上手い人の思考に近づくことができます。

　筆者がYouTubeで伸び悩んでいた頃、サムネイルの模写を100枚ほど一気にやりました。

　それによってサムネイル制作力が一気に伸びて、1か月で収益化して月に200万円以上稼げるようになりました。

　今もたくさんチャンネルを立ち上げていますが、この時期に身につけたサムネイルの作成力がベースになっていることは間違いないです。

　ぜひバカにせず、真剣に完コピしてみてください！

　この期間に身につけたスキルは、きっとあなたの財産になります。

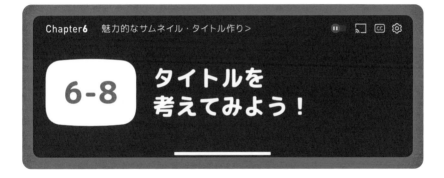

🔔 動画検索の大事な要素

サムネイルとほぼ同時に考えていくのが「**動画のタイトル**」です。

動画タイトルはサムネイル同様に動画のクリック率に大きく影響します。

チャンネル開設初期の段階は、動画がなかなかおすすめされません。

動画が再生されるためには、**動画検索**で動画を見つけてもらう必要があります。

動画のタイトルは、検索時にあなたの動画が表示されるかどうかのとても大事な要素です。チャンネル開設初期の段階と、ブラウジング機能でおすすめされるようになった後では、タイトルのつけ方が少し違うということをまずは知ってください。

🔔 検索重視のタイトルでは 重要キーワードを前に

検索を重視する場合は、なるべくタイトルの最初の方に検索需要の高いキーワードを配置しましょう。

参入ジャンルが、わかりやすい名称でジャンルとして確立している場合は、そのキーワードを入れるのも良いでしょう。

例えば「ゆっくり解説」「2ch」などを「ジャンルワード」などと呼びます。

ジャンルワードをタイトルに適切に入れておくことで、そのジャンル内でおすすめされる確率が上がってきます。

さらに、動画のテーマを表すわかりやすいキーワードがある場合は、優先的にタイトルの冒頭付近に配置しましょう。

　これにより、ジャンル内の「何の動画なのか」をYouTubeのAIが識別しやすくなります。

🔔 サジェストキーワードの調査

　ジャンル内で検索されているキーワード（**サジェストキーワード**）を調べるのには、「**キーワードプランナー**」や「**ラッコキーワード**」などのツール（サービス）を使います。

- キーワードプランナー（https://ads.google.com/intl/ja_jp/home/tools/keyword-planner/）
- ラッコキーワード（https://related-keywords.com/）

　サジェストキーワードをもっとも簡単に調査する方法は、実はYouTubeの検索窓を使うことです。

▶ YouTube検索窓のキーワード入力例

🔍 ゆっくり解説   ✕
🔍 ゆっくり解説
🔍 ゆっくり解説 事件
🔍 ゆっくり解説 歴史
🔍 ゆっくり解説 ホラー
🔍 ゆっくり解説 宇宙人
🔍 ゆっくり解説 韓国
🔍 ゆっくり解説 韓国 最新
🔍 ゆっくり解説 雑学
🔍 ゆっくり解説 ウクライナ
🔍 ゆっくり解説 ジャニーズ
🔍 ゆっくり解説 ゲーム
🔍 ゆっくり解説 事故
🔍 ゆっくり解説 中国
🔍 ゆっくり解説 宇宙

　「ゆっくり解説」などのジャンルワードを入力したあと、スペースを入れ

ると「ゆっくり解説」と一緒によく検索されているキーワード候補が表示されます。上位から人気な順番と考えていいでしょう。

　さらにサジェストワードを入力してみると、3つ目のキーワードも表示されます。

▶ ジャンルワード＋サジェストワード入力例

```
Q  ゆっくり解説 歴史                    ✕

Q  ゆっくり解説 歴史
Q  ゆっくり解説 歴史 日本
Q  ゆっくり解説 歴史 中国
Q  ゆっくり解説 歴史 ヨーロッパ
Q  ゆっくり解説 歴史ミステリー
Q  ゆっくり解説 歴史 戦争
Q  ゆっくり解説 歴史 江戸
Q  ゆっくり解説 歴史 世界史
Q  ゆっくり解説 歴史人物
Q  ゆっくり解説 歴史グルメ
Q  ゆっくり解説 歴史 睡眠
Q  ゆっくり解説 歴史 しくじり
Q  ゆっくり解説 歴史 戦国
Q  ゆっくり解説 歴史 女性
```

　このようにさまざまなキーワードを入力して、どのようなキーワードで検索されているのかを調べ、そのキーワードを動画タイトルに積極的に入れます。

🔔 おすすめされるようになったら クリックワードを意識したタイトルに

　動画がおすすめ機能で表示されるようになったら、より興味を引きやすいタイトル構成が重要になってきます。

　意識するのは「**クリックワード**」です。いわゆる「**バズワード**」などと呼ばれるものです。

　代表的なクリックワードを示します。

- 究極の
- 神回
- 鉄板
- 完全攻略
- 徹底解説
- 初心者必見
- 今更聞けない
- 絶望
- 絶対やめて
- 今すぐ
- 入門編
- 総集編
- ブチギレ
- 暴露
- マニュアル
- 速報
- 最新版
- 9割が〇〇
- 大感動
- 悲報
- 驚愕
- 闇
- 秘訣
- 激変
- コスパ
- 無料
- みんなの反応
- 海外の評価
- SNSでバズった（〇〇万回再生された）
- 激レア
- 大損
- 重大発表
- この後
- ルーティーン
- ドッキリ
- 検証
- まとめ
- 消除覚悟
- 日本一
- ランキング
- 知らないとヤバい
- 有料級
- 悪用厳禁
- 永久保存版
- 腹筋崩壊
- 末路
- 爆速
- 神技
- 涙腺崩壊
- 〇〇だけが知っている
- 悪用厳禁
- 完全終了
- 真相
- 真実
- 壮絶
- 黒歴史
- 完全崩壊
- ぶっ壊れ
- チート
- 史上最強
- 閲覧注意
- 人生が変わる〇〇
- 〇〇するな
- 〇〇で話題の
- たった〇〇
- 〇〇した結果
- トラウマ
- 炎上
- etc

　こういった視聴者の興味をそそる（短い）キーワードは、YouTube上に何百個と存在します。

　より短く、より強い言葉を組み合わせて動画タイトルを構成することで、あなたの動画が興味を持たれてクリックされる確率は飛躍的に上がっていくでしょう。

　YouTube上で動画のタイトルは、**スマホでは18×2段の36文字**、**パソコンのブラウザでは27×2段の54文字**しか表示されません。

　伝えたい内容は、必ず36文字以内に収まるようにタイトルを設定しましょう。

　ちょっと気になるところで、わざとタイトルが切れるようにすることで、より気になる要素を強めることもできますが、これは非常に高等テクニックなので慣れてきてからチャレンジしてください！

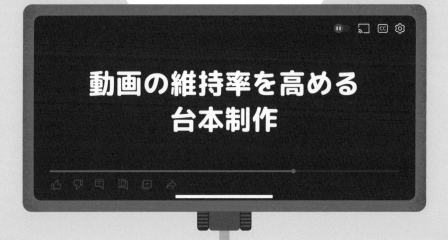

Chapter

7

動画の維持率を高める台本制作

効果的な台本作成の技術を学び、視聴者を引き込む台本作りを徹底解説します。視聴者が動画に長時間滞在することで、あなたの動画が爆発的に伸びていきます。伸びるだけでなく広告単価もアップすること間違いなし。面白い台本を作って視聴者を虜にしましょう。

7-1 台本のクオリティとは

🔔 YouTube 動画のクオリティとは

最初に「YouTube動画のクオリティとは何なのか」を明確にします。

「クオリティの高い動画を作ってください」と言われたら、どのように考えるでしょうか。

- 映像を美しく撮ろう
- 効果的なテロップを入れよう
- 撮影の時にいろいろな画角から撮影しよう

このように考えるかもしれません。

すべて正解です。しかし、これらは「クオリティを高めるための要素」です。綺麗な映像や編集にこだわることだけでは、クオリティが高い動画とは言えません。

テレビのような綺麗な映像や、映画のように本格的な技術を盛り込んだ動画がすべてバズっているわけではありません。逆に、素人っぽい編集でも100万回以上の再生を出している動画は星の数ほど存在します。

：視聴者のニーズに応えられている動画

YouTubeにおいてクオリティが高い動画とは「視聴者のニーズに答えられている動画」です。

視聴者が「自分と同じ状況におかれているリアルな映像が見たい」と望む

人が多ければ、美しく編集された動画よりも無編集の動画の方が受けるでしょう。逆に、壮大な世界観や非現実的な映像を求める人には、ハリウッド映画のように美しく撮影されて編集された動画が受けるでしょう。

　つまり、YouTube動画のクオリティは「これをしたらクオリティが高い」という単純なものではなく、視聴者が求めているものに対して最適解を出している動画こそが「クオリティの高い動画」と呼ぶべきだと筆者は考えています。

▶ クオリティを上げたいなら考える順番は根っこから

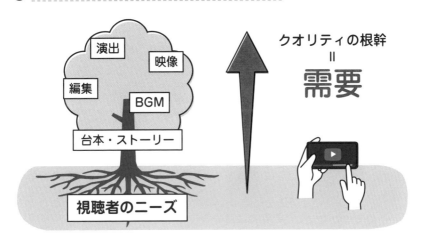

　非属人性YouTube運営では、多くの場合「動画のクオリティ＝台本のクオリティ」になります。

　非属人性YouTubeチャンネルは「属人性」がありません。「この人が好きだから視聴する」という需要がないわけです。

　動画の内容自体に需要があるので、必然的に台本のクオリティが重視されます。

　ただし、誤解してほしくないのは「映像クオリティを気にしなくていい」ということではありません。映像制作についてはChapter8で解説します。

　ここでは「台本が大事」と理解して、台本の制作を学んでください。

7-2 台本制作の基本

　前章で動画のサムネイルとタイトルが決まったら、次は動画の**台本作成**に取り掛かります。非属人性YouTubeジャンルでは、台本が非常に重要です。

　台本の内容が良ければ、再生数が伸びるだけでなく広告単価も上がる傾向にあります。1動画あたりの視聴時間が長くなると、表示される広告数が増えるからです。

　ここでは台本制作の基本を解説します。この方法で台本を作る習慣を取り入れましょう。

　なお、2ch系でスレッドの内容をそのまま使う場合は、台本を作り込む必要はありません。しかし、コメントを並び替えることで動画がよくなることがあるので、台本づくりの基本は目を通してください。

　台本制作は、次の順番を意識して考えます。

❶ テーマを決める
❷ 構成を考える
❸ 情報を箇条書きで書き出す
❹ 詳細を書き加える
❺ 肉付けをする
❻ 添削をする

❶ テーマを決める

最初に、動画を通して視聴者に伝えたいこと、感じて欲しいことのゴールを設定します。これが、動画の**テーマ**になります。

多くの人は「動画のテーマを決める」ということすら実践していません。

しかし、テーマを決めずに動画を作ると、動画で何を伝えたいのかがわかりにくく、視聴者の心に何も残らない動画になってしまいます。

動画のテーマは、カーナビに目的地を設定するのに近いものです。目的地がわかっていれば、道をそれたときに軌道修正できます。同様に、最初に目的地がわかっていれば、視聴者も安心して動画を視聴できます。目的地がわからない状態が続くのはとてもストレスを感じます。

最初に動画のゴールを設定しましょう。

：動画テーマの具体例

例えばあなたが「TOEICで高得点を取る方法」という動画を作るのであれば、最低限次のような情報が織り込まれていないと誰のための何の動画なのかがわからなくなります。

- **今どんな状態の人が**：今どのくらいの英語力があるのか、どのくらいの人が対象なのか
- **どのくらいの期間で**：「〇年で」「〇ヶ月で」
- **どのくらいになれるのか**：TOEIC900点、800点、700点、どれを目指せるのか

「TOEICで高得点を取る方法」だけでは、視聴者への訴求が曖昧です。

「英語力ゼロの初心者（TOEIC200点台）がたった3ヶ月でTOEIC900点をとった方法」であれば、より一層強い興味を引くことができます。

- **英語力ゼロでも大丈夫** →自分にもできるかも
- **高い結果を得られる** →人よりも高いレベルになれる
- **短い期間で** →効率良さそう

❷ 構成を考える

　動画のテーマが決まったら、テーマがもっとも伝わる構成を考えます。「プロット」作成とも呼びます。

　構成は、いわば動画の設計図です。動画全体のテーマは決まっているので、それを伝えるための中テーマ、小テーマを決めていきましょう。

　伝えたいテーマに対して、どういうことを話すか、どのように話せばより伝わりやすいかを考え、それらをどのくらいの文字量、ボリュームにするのかまで、ざっくり考えていきます。

　どんな内容を話すか？　どのくらい話すのか？

　ここまで考えたら、あとはどんな順番で話すのかを考えましょう。

　構成を考える際に役立つ「型」については、7-3で解説します。

：動画構成の具体例

　前ページの動画テーマの具体例で挙げた「英語力ゼロの初心者がたった3ヶ月でTOEIC900点をとった方法」というテーマの構成を考えます。

　まず、構成でよく使われる「型」を意識します（構成の型については次節参照）。

　「起承転結」「三幕構成」「PREP法」「PASONAの法則」などは、YouTubeで伸びている動画でよく使われている型なので参考になりやすいでしょう。

　ここでは「PASONAの法則」で構成を組みます。

　PASONAの法則は問題提起や解決策の提示、提案、行動の促進などを提示することで、視聴者（受取手）の行動をうながす心理の型です。

- **問題（Problem）**：冒頭の部分で読者が抱えている悩みや問題を明確にする（〇〇のようなことで悩んでいませんか？）
- **親近感（Affinity）**：問題に対して寄り添い、共感する（自分も同じような状況だったけれどそれを解決することができた）
- **解決策（Solution）**：解決策を提示する（こんな方法で私は長年の悩みを解決しました）

- **提案（Offer）**：提示した解決策の根拠や効果の証拠を提案する（実際の体験談であったり、実際に使用している他の人の口コミを提示する（他の商品との違い）
- **絞り込み（Narrowing down）**：商品の希少性・限定性を伝えて「今すぐ」行動してもらうよう導く（今だけ送料無料、期間限定、数量限定）
- **行動を促進する（Action）**：最後の読者の行動を促進するため、購入方法や手続き方法を分かりやすく書く。また、行動への呼びかけ（最後の一押し）を行う。

　PASONAの法則を使って、「英語力ゼロの初心者がたった３ヶ月でTOEIC900点をとった方法」の構成例を作ってみました。「H1」〜「H4」は見出しの大きさです。H1が一番大きな見出しで、数字が大きくなるほど見出しレベルが下がります。

【H1】英語力ゼロから始めるTOEIC900点マスタープラン

　【H2】はじめに：なぜ３ヶ月でTOEIC900点なのか？

　　【H3】英語力ゼロの現実

　　　【H4】TOEIC900点という目標

　【H2】問題提起：なぜ英語力が上がらないのか？

　　【H3】一般的な英語学習の誤解

　　　【H4】時間の無駄：間違った勉強方法

　【H2】解決策：効果的な学習方法とは？

　　【H3】科学に基づいた学習法

　　　【H4】毎日のルーティンとしての学習

　【H2】具体的な提案：３ヶ月間の行動計画

　　【H3】１ヶ月目：基礎固め

　　　【H4】２ヶ月目：実践力強化

　　　【H4】３ヶ月目：模擬試験と最終チェック

　【H2】行動呼びかけ：今すぐ始めよう

　　【H3】学習計画の始動

　　　【H4】継続は力なり

---

❸ 情報を箇条書きで書き出す

台本の構成が決まったら、次は各見出しの内容を追記していきます。

情報を**箇条書き**で書き出してみましょう。

箇条書きにするのは、文章だと手が止まりやすくなるからです。

悩み出すとなかなか先に進まず、台本を作る作業が辛くなってきてしまいます。悩んでしまって手が止まる前に、どんどん手を動かしましょう。

： 箇条書きの例

前ページの「英語力ゼロの初心者がたった3ヶ月でTOEIC900点をとった方法」を例に、箇条書きの例を紹介します。色文字部分が箇条書きで書き出した部分です。

【H1】英語力ゼロから始める TOEIC900点マスタープラン

　【H2】はじめに：なぜ3ヶ月でTOEIC900点なのか？

　　【H3】英語力ゼロの現実

　　・多くの人が英語学習を始めるが、継続しない理由とその背景

　　・英語力ゼロからスタートする際の心構えと具体的な第一歩

　　　【H4】TOEIC900点という目標

　　　・TOEICのスコア帯別の能力レベルと900点達成の意味

　　　・目標スコア設定の重要性とその目標に向かうモチベーションの養い方

　【H2】問題提起：なぜ英語力が上がらないのか？

　　【H3】一般的な英語学習の誤解

　　・効果的でない学習方法とその誤解に対する説明

　　・英語学習における一般的な誤った信念と短絡的なアプローチ

　　　【H4】時間の無駄：間違った勉強方法

　　　・具体的な非効率的学習例と時間を浪費する行動

　　　・効率よく学習するための時間管理と計画立ての重要性

　【H2】解決策：効果的な学習方法とは？

　　【H3】科学に基づいた学習法

　　・学習心理学に基づく効率的な学習法の紹介と説明

　　・実践的な学習方法としての聴覚、視覚、触覚を使った多角的アプローチ

【H4】毎日のルーティンとしての学習
　・定期的な学習スケジュールの例とその実施の仕方
　・毎日継続するための具体的なアドバイスとヒント
【H2】具体的な提案：3ヶ月間の行動計画
　【H3】1ヶ月目：基礎固め
　・文法の基本と重要な語彙の勉強方法と練習
　・リスニングと発音の基礎練習、日常会話のシミュレーション
　【H4】2ヶ月目：実践力強化
　　・リスニングスキル向上のための具体的な演習
　　・スピーキング能力強化のための実践的なアクティビティ
　【H4】3ヶ月目：模擬試験と最終チェック
　　・TOEICの模擬試験を使用した実践練習
　　・弱点を特定し克服するための戦略と具体的なステップ
【H2】行動呼びかけ：今すぐ始めよう
　【H3】学習計画の始動
　・短期・長期の目標設定方法と学習計画の開始
　・学習を継続するためのモチベーション管理と自己啓発
　【H4】継続は力なり
　　・継続学習の重要性と成功に至るまでの精神的な準備
　　・英語学習に対する長期的な取り組みと持続可能な方法

　どのくらい情報を書けばいいか悩むところかもしれませんが、自身が「詳細を書き進めるうえで困らない程度」であればどのくらいでも大丈夫です。

　情報を箇条書きにする理由は、テーマに沿って絶対に話しておきたい情報を外さないようにするためです。

　つまり線路を引くようなイメージです。

　この内容を主軸として、必要な例え話や追加や補足情報などをこの後の工程で書き足していくようにすると内容は充実しやすいです。

❹ 詳細を書き加える

　次は、視聴者へ向けた言葉遣いに変換する作業です。

　視聴者に優しい印象を与えたければ、文末表現はですます調（敬体）にしましょう。語尾に「ね」を多めに追加することで、親身になっているような、

寄り添うような印象を与えられます。

　断定的に言い切る表現が多いと、自信があることを表現できます。

　表現方法を考えるのは、ここまでの過程を踏んで内容ができあがった後の段階にするのをおすすめします。例えば、ゆっくり解説のような会話形式にする場合は、この段階で会話にしていきましょう。

　そうすることで「ここでこんな質問を入れた方がいいかな？」「ここでボケを入れたらちょうど良いな」などアイデアが浮かびやすくなりますよ。

： 台本をどこまで作り込むか

　台本をつくる際に、文章をきっちり書くのがよいかどうかは、場合や人によります。

　まず、読み上げソフトを使う場合は、当然ですが台本の文章はきっちり作らなければいけません。

　自分で話す場合、人によっては「きっちりとした台本を作ってしまうと、読むことに集中して棒読みになってしまう」人がいます。その場合は台本は箇条書き程度にとどめておきます。箇条書きにしておけば、無駄な話に脱線したり「次に何を言おう？」と悩むことが減って撮り直しも減らせます。

❺ 肉付けをする

　❹までで台本が完成したら、補足情報やわかりやすい例え話が入れられないかを考えてみましょう。

　言い足りないことがないように「足し算」をしていくのです。

　台本制作者にとっては当たり前のことも、初心者や初学者にとっては当たり前ではないことはたくさんあります。

　「ここはもう少し丁寧に説明した方が良いかな」「ここはこう例えてあげるともっとイメージしやすいな」といった内容を肉付けしていきましょう。

❻ 添削をする

　先ほどは情報を足してきました。ここで「見直し」を行います。

　台本制作でもっとも大事なのは、実は「引き算」です。

　❺の状態で終わると、ほとんどの場合は作り手のエゴが強い、モリモリに肉付けされた台本になってしまっています。その場合、視聴者側から見ると「何の話をしているかわからない」「早く本題に入らないかな」という印象を持たれます。それが離脱の原因になります。

　最後に「ここはいらないかな」と思う部分を勇気をもって削り、スマートな内容にしてください。

　引き算が意識できている動画は、視聴者に必要な情報だけを詰め込んだ、有意義な動画になります。

　それなら、最初から余分な内容を省いて構成を作ればいいのでは、という疑問を持つかもしれません。しかし、それは熟練した人でも困難です。例えば、プロの漫画家が作るネーム（漫画の台本のようなもの）でも、最初のネームの段階から、編集者が添削して読みやすくするのが一般的です。動画の台本作成でも、第三者が読んで添削してもらえるならベストですが、多くの場合は制作者が独りで台本制作と添削をこなしています。

　初めての場合は不安かもしれませんが、まずは❶〜❻の手順に沿って台本を作ってみましょう。

▶ 先に必要な情報を出し切ってから整理する

足し算

引き算

凡人は一発で奇麗にまとめようとしない！

7-3 YouTubeで使える構成の型

　台本の構成づくりで、話の順序を考えるのに「構成の型」が役立ちます。

　目的に合わせて最適な伝え方がいくつか存在します。型を知り、動画で伝えたいことが的確に伝わるようにしましょう。

🔔 PREP法

　PREP法は「結論（Point）」「理由（Reason）」「具体例（Example）」「結論（Point)」の順番で説明する構成の型です。興味を引きつつ最後まで見てほしい場合に向いています。

- **結論（Point）**
- **理由（Reason）**
- **具体例（Example）**
- **結論（Point）**

　企業のプレゼンや、ビジネス系YouTuberの動画など、ビジネスシーンでよく使われている話の構成です。

　PREP法のメリットは、最初に結論を示すことで「なぜその結論なのか」と興味を惹きつける力があることです。

　その理由を説明し、具体例を例示することで、わかりやすさや強い納得感を演出できます。

　情報の信憑性や話し手の信頼性を高めやすい構成です。

　反面、説明がシンプルでないと話がくどくなりやすい特徴もあります。時

折ユーモアを交えるなど、和ませる工夫も大事です。

SDS法

SDS法は要点（summary）詳細（Details）要点（summary）の順番で話す話法です。

- **要点（summary）**
- **詳細（Details）**
- **要点（summary）**

「○○について話します」と事前に伝えるため、聞き手も心の準備ができます。聞く準備ができている分、わかりやすい印象が持たれやすくなるのです。

短い時間で要点を簡単に、わかりやすく伝えたい時に使えるフレームです。ニュースなどはこのSDS法が良く使われていますね。

三幕構成

三幕構成は、発端（第一幕）中盤（第二幕）結末（第三幕）といった3つの要素で構成を考える型です。

- **発端（第一幕）**
- **中盤（第二幕）**
- **結末（第三幕）**

ストーリーライティングをする際にもっとも使う構成です。あらゆるシーンで使える万能の型と言えます。

第一幕では、登場人物の詳細やキャラクターの立ち位置など、状況設定を理解してもらうための事前情報や世界観を伝えます。

第二幕では、対立や登場人物の葛藤など、物語の核心部分を展開します。

第三幕では、さまざまな感情が入り乱れたクライマックスを展開します。

三幕構成はハリウッド映画の脚本などでも使われる構成です。ストーリーを描く場合には素晴らしい型なので、ぜひ使ってみてください。

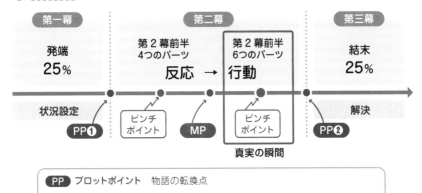

▶ 三幕構成

第一幕	第二幕	第三幕
発端 25%	第2幕前半 4つのパーツ 反応 → 第2幕前半 6つのパーツ 行動	結末 25%

状況設定　PP❶　ピンチポイント　MP　ピンチポイント　PP❷　解決

真実の瞬間

PP	プロットポイント	物語の転換点
MP	ミッドポイント	第二幕の真ん中にある、前半と後半をつなぐ重要な事件

🔔 四幕構成

　四幕構成は、ほとんどの人が知っている「起承転結」の構成です。
　「起」では物事がどうやって始まったのかを説明します。
　「承」では、「起」で起こったことによって何が問題なのかなど葛藤を描きます。
　「転」では事件が一変し、物事が目まぐるしく展開します。
　「結」でラストを迎えます。

　三幕構成と似ていますが、第二幕の部分をより細かく構成したものが四幕構成です。
　起承転結の構成は非常に難易度の高い構成で、初心者はなかなかうまく物語を組むことができません。
　その上、どうしても前半が長くなりやすい構成です。YouTube動画では冒頭がとても大事なので、離脱を防ぐためにも、初心者はあまり起承転結にこだわらないほうがいいかもしれません。

感動的なストーリーや人の心を強く動かす時にはもってこいの丁寧な構成なので、経験を積んだうえでそのような壮大な話を作りたいと思ったときは、チャレンジしてみてください。

三幕構成や四幕構成などを使ってストーリーライティングを学びたい人は「SAVE THE CATの法則 本当に売れる脚本術」（フィルムアート社）という本が勉強になるのでおすすめです。

🔔 PASONAの法則

PASONAの法則は「問題（Problem）」「親近感（Affinity）」「解決策（Solution）」「提案（Offer）」「絞り込み（Narrowing down）」「行動を促進する（Action）」の順で物事を説明する型です。セールスや人に行動を促したいときなど、オファーをするときに向いています。

- **問題（Problem）**
- **親近感（Affinity）**
- **解決策（Solution）**
- **提案（Offer）**
- **絞り込み（Narrowing down）**
- **行動を促進する（Action）**

「こういうことに困ってませんか？」と相手に問題を認識させ、悩みや不安を明確にしたらその悩みに共感します。

次に、悩みを放置したらどうなるのかと不安を煽り、解決策を提示します。

やるべきことを絞って課題の克服方法を明確にし、行動を促すという流れです。

動画を通じて視聴者に行動をうながしたいと強く考えている場合は、PASONAの法則を用いると効果的でしょう。

ただし悪用厳禁です！！

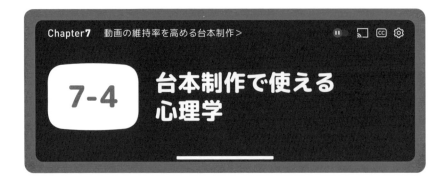

7-4 台本制作で使える心理学

🔔 第一印象

台本作成で使える心理テクニックをいくつか紹介します。

絶対に押さえておかなければいけないのが「**第一印象の力**」です。

▶ **動画の第一印象が与える影響**

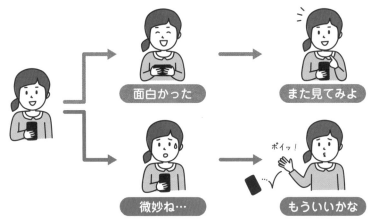

面白かった　また見てみよ
微妙ね…　ポイッ!　もういいかな

「**初頭効果**」という言葉を知っているでしょうか。

初めに提示された情報ほど印象に残りやすい、という心理効果です。簡単にいうと「第一印象」ですね。

YouTubeチャンネルの第一印象は、「最初に見た動画の感想」が大きく影響します。第一印象というのは、良い印象も悪い印象もその後の判断に大きく影響します。

視聴者が最初に見た動画にポジティブな感想を持ったら、次におすすめに表示された際にまた見てもらえるかもしれません。

反対に、最初に見た動画の印象がネガティブなものであれば、おすすめで表示されてもクリックされない恐れが高まります。

動画自体の第一印象は、動画の冒頭部分が決めます。

動画開始後の特に30秒以内は、その動画を視聴し続けるかどうかを判断する時間帯です。開始数十秒で「もっと見たい！」「もう少し見てみようかな」という気持ちを抱かせられなければ、視聴継続が難しくなります。

さらに、開始数秒で視聴をやめた動画の第一印象は「つまらなかった動画」というレッテルを貼られるでしょう。

第一印象を覆すのは非常に困難です。特にYouTubeには多くのコンテンツがあるため、悪印象を持ったチャンネルはすぐに忘れられるでしょう。

動画の第一印象はチャンネル自体の印象を決定づける可能性を持っています。そのためどの動画の冒頭にも特別力を入れる必要があります。

動画の第一印象の重要性を理解していなければ、どのようなテクニックも意味を持ちません。

🔔 カリギュラ効果

カリギュラ効果は、禁止されるとかえってやりたくなる心理です。

Chapter 6で解説したクリックワード（バズワード）の中にも「絶対に見るな！」「閲覧注意」などのキーワードがありました。これらは、カリギュラ効果を使って視聴者の心を動かそうとしているのです。

▶ カリギュラ効果

ゲームダメ！

禁止されるほど
やりたくなってくる

🔔 バンドワゴン効果

　バンドワゴン効果は、簡単に言うと「流行っているものが良いものに見える」という心理です。

　行列ができている飲食店を見ると「そんなに美味しいのか」と人が人を呼ぶことがあります。

　多くの人が評価しているものだから良いかもしれないと感じて、意思決定に大きな影響を及ぼすのがバンドワゴン効果です。

　YouTubeでも、急上昇ランキングに掲載された動画がバンドワゴン効果によってクリックされやすくなることは大いにあります。また、動画を見る際に視聴回数で決めている人は少なくないはずです。

　「伸びる動画がより伸びる」という構図があるのです。

▶ バンドワゴン効果

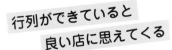

🔔 フレーミング効果

　フレーミング効果とは、「物は言いよう」ということです。

　例えば「タウリン1000mg配合」というと、ものすごくたくさんの分量を想像します。しかし、実際は1000mgは1gです。

　「どんな言い方をするか」「どこを強調するか」によって人の印象が変わることをフレーミング効果と言います。

　数字をあつかう場合は、あえて単位を細かくすることを検討してみてください。「1億」と書くよりも「100,000,000 ！」とした方が、場合によっ

ては目を引くことがあります。

　サムネイルでも使える手法なので、ぜひ取り入れてみてください。

▶ フレーミング効果

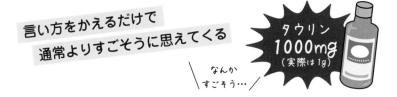

言い方をかえるだけで
通常よりすごそうに思えてくる

なんか
すごそう…

タウリン
1000mg
（実際は1g）

🔔 ゴール効果

　ゴール効果とは、ゴールを示されると終わりがわかることで心理的なストレスが減る心理です。

　PREP法などは、結論を先に示すことで、視聴者にゴールのイメージを持たせられます。興味を引きつつ動画を見続けようと思わせる効果が期待できるわけです。

　また、最初に常識とは違った結論を出されると「なぜ？」と知りたくなります。「しかしこの家族の幸せな状況は、ある男の登場をきっかけに一変することになった」といった予想外の結末を最初に示すことで、何が起こるのか興味を引くこともできます。

　ゴールを意識させることは、視聴継続を維持するうえでとても大切です。

　今どこに向かっているのか、この後どこに向かおうとしているのか。視聴者にずっと想像や期待をさせながら話を展開していきましょう。

▶ ゴール効果

ゴールが見えるから
人はそこまでは頑張れる

あそこまで
頑張ろう！

7-5 台本力の鍛え方

🔔 ライティングはあらゆる仕事に役立つ

　筆者がYouTubeをはじめて本当によかったなと思うことは、台本を作ることでライティング力が鍛えられたり、編集力やマーケティング知識などさまざまなスキルが高い水準で身に付いたことです。

　中でもライティング力がついたことは、人生を大きく変えるインパクトがあります。なぜなら、人に何かを伝えるときに必ず使うのが「言葉」だからです。

- 人に興味を持ってもらうとき
- 人に行動してほしいとき
- 自分がどう思っているのかを伝えるとき
- 人に何かを教えたいとき

　あらゆるシチュエーションで言葉の力が必要になってきます。

　ここでは、台本の品質を上げるために「言語化力」を高める方法を解説します。言語化能力が高いと人生レベルで得をするので、ぜひ取り組んでみてください。

⠸ 動画の文字起こし

　台本力を鍛えるのにおすすめするのが**動画の文字起こし**です。

　参考にしたい動画や、ライバルチャンネルの動画を文字に起こしてみま

しょう。

　文字起こしをして、7-3で解説した構成の型を当てはめてください。ライバルたちの台本構成を分解できます。

　筆者もYouTubeで伸び悩んでいたとき、他者の動画を30本ほど文字起こしして分析しました。

　これを続けていくと、動画を見ただけで構成がわかるようになってきます。以降は、動画を見れば見るだけ構成の共通点がわかるようになり、飛躍的に成長できました。

：書き起こし台本を写経する

　書き起こした台本を「写経」することもおすすめします。

　写経とは、仏教のお経を書き写す修行の一種です。

　参考にしたい文章を一言一句そのまま書き写してみましょう。

　なぜその言葉を選んだのか、なぜ改行をここに入れたのか、この行間には何が込められているのか……。

　作り手の意図を想像しながら書き写します。

　もちろん、実際の作り手の意図はわかりません。正確な答えはわかりませんが、作り手と同じ手順で同じものを選ぶ過程には、多くの気づきをもらえるタイミングがあります。

　無駄と決めつけず、台本写経に取り組んでみてください。数ヶ月後のあなたは、別人の文章力を手に入れているはずです。

：「具体⇔抽象」トレーニング

　「『具体⇄抽象』トレーニング」（PHP研究所刊）という本があります。「具体⇔抽象」トレーニングとは、具体的な概念や物事を抽象的な概念に変換する力、または逆に、抽象的な概念を具体的な事例や物事に落とし込む力を鍛える訓練のことです。具体的な内容は書籍を参照していただきたいのですが、これは思考力、創造力、問題解決能力を高めるために役立ちます。

　本質を捉える力が高まると、次のようなメリットがあります。

- **物事の共通点がわかるようになる**
- **共通点がわかることによって例え話がうまくなる**
- **物事の要点を掴むスピードが段違いに速くなる**
- **人にわかりやすく伝える能力が上がる**

要するに、「頭が良い」と感じる人の能力が身につきます。

「自分は頭が悪い」と思っている人は、頭が良い人の思考を知らないことがほとんどです。

頭の良さは、物事をどのように捉えているのかで変わってくるのです。

能力の差だけではなく、物事の捉え方の違いで、情報の受け取り方や考え方が変わります。

🔔 自チャンネルの動画分析

自分のチャンネルの動画を分析して、台本力向上に役立てましょう。

自分の動画を分析する際に、YouTube Studioのアナリティクス機能を使います。

アナリティクスを表示して、「コンテンツ」タブを開いてください。

▶ YouTubeアナリティクス画面の確認方法

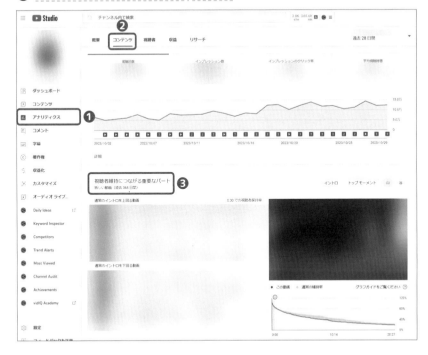

中央にある「視聴者維持につながる重要なパート」という項目を見ます。

▶「視聴者維持につながる重要なパート」欄

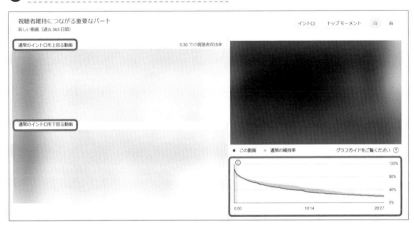

ここには、自分のチャンネル内の次の動画が5本ずつ表示されています。

- 通常のイントロを上回る動画
- 通常のイントロを下回る動画

　チャンネルの動画の中で冒頭30秒でパフォーマンスのよかった動画と、悪かった動画がここに挙げられているわけです。

　まず、視聴者の離脱が少なかった動画の冒頭がどうなっていたのかに注目しましょう。

　次に、画面右下に動画の視聴者維持率を表したグラフがあります。カーブが下がっている箇所が、動画の改善点だと一目でわかるようになっています。

　視聴者維持率が、上位の動画でも60％を切っている場合は、チャンネル全体で動画冒頭の工夫が必要なサインです。

　保持率が良好な動画がある場合は、その動画冒頭の施策を、今後制作する動画にも反映させましょう。

　チャンネル内で視聴者に好評だった要素をチャンネル全体に反映させることで、チャンネル全体の数値が良くなることに加えて、チャンネルに統一感をもたらします。Chapter 5で解説した「世界観」構築にも影響します。

　視聴者維持率が上がらない原因の多くは、冒頭部分にあります。視聴者が動画を見始めたのに、開始30秒以内に視聴をやめてしまうケースです。

　ここまでに解説した構成の型や心理効果を活用し、冒頭の改善に全力を注いでください。

　冒頭以外で視聴者が離脱している場合は、離脱ポイントの前後を確認して原因と思われる点を洗い出し、視聴者に飽きられない構成になるよう改善してください。

　視聴維持率グラフは動画単位で確認できるので、公開した動画はくまなくチェックし、動画の弱点がどこなのかを分析しましょう。

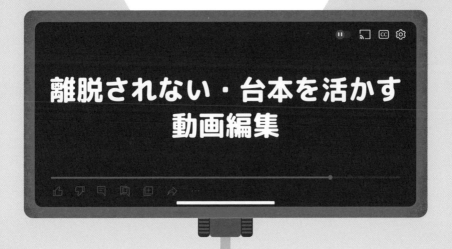

Chapter

8

離脱されない・台本を活かす
動画編集

ここでは実際に動画を作成する流れを解説していきます。どんなに
いい台本が書けても、編集が素人だと、視聴者には確実に見抜かれ
てそのまま離脱してしまいます。いい動画に欠かせない構成の考え
方や便利な素材をここで学んで、脱初心者で離脱されない、台本を
活かす動画を作っていきましょう。

🔔 動画編集ソフトと素材の準備

　本章では非属人性YouTubeの動画作成について解説します。

　動画編集は**YMM4（ゆっくりMovieMaker4）**を使用します。配布元（https://manjubox.net/ymm4/）からダウンロードして、Cドライブ直下に「ゆっくり編集」フォルダを作成し、「YMM4」フォルダへYMM4を格納してください。

　動画編集ではさまざまな素材を使用します。文字フォントについてはChapter 6の6-3で解説しました。BGM(バックグランドミュージック）やSE(効果音）の音源が入集できるサイトは本章8-4で詳しく解説します。

　次ページに、画像素材が入手できるサイトを表にまとめました。筆者が主に利用しているのは「いらすとや」「Pixabay Images」「イラストAC」などです。

　なお、これらのサイトで入手した素材を動画で使用する際は、かならず事前に使用条件（ライセンス）を確認してください。素材ごとに使用条件が違うことがあるので、必ずすべて確認しましょう。

　YMM4のダウンロードや初期設定、素材の格納方法などについては、サポートページ（272ページ参照）からダウンロードできる読者特典のPDFで詳しく解説しています。

▶ 画像素材の入手先

サイト名	サイト URL
いらすとや	https://www.irasutoya.com/
Pixabay Images	https://pixabay.com/photos/
イラスト AC	https://www.ac-illust.com/
テロップ.サイト	https://telop.site/
フキダシデザイン	https://fukidesign.com/
O-DAN	https://o-dan.net/ja/
YouTuber のための素材屋さん	https://ytsozaiyasan.com/
ツカッテ	https://tsukatte.com/
ビジネス素材	https://web-sozai.com/
イラストセンター	https://illustcenter.com
ジャパクリップ	https://japaclip.com/
Frame illust	https://frame-illust.com/

🔔 台本を読み込んで 音声、テロップを表示させよう

　ゆっくり動画を作成する場合、台詞は台本を作成して自動読み込み機能で入力します。

　ここでは台本の読み込みから音声、テロップ、立ち絵の表示までの操作方法を説明します。

🔔 台本の準備

読み込ませる台本を用意します。

台本はスプレッドシートで作成して、CSV形式で保存します。

書き方のルールは簡単です。

- A列にキャラクター名
- B列に台詞

「キャラクター名」はYMM4のキャラクター設定で作成したキャラクター名を使います。まったく同じにしないとエラーになるので注意してください。

▶ 台本サンプル

	A	B
1	霊夢	ゆっくり霊夢だよ
2	魔理沙	ゆっくり魔理沙だぜ
3	霊夢	今回はYMM4で使う台本の簡単な例を教えてよ
4	魔理沙	わかったぜ。 この台本をcsv形式で保存して読み込ませると簡単だぜ。
5	霊夢	読み方が変な時は修正してね

🔔 CSVファイルの読み込み

台本ファイルが用意できたら、YMM4で読み込みます。

「ファイル」メニューから「台本ファイルを開く」を選択します。台本のCSVファイルを選択します。

台本ファイルを選択すると、台本編集のウインドウが自動で開き、発話するキャラクターとセリフの確認ができます。問題なければ「タイムラインに追加」で自動読み込みが始まります。タイムライン上にシーケンスが作成されたのが確認できれば、台本読み込みは完了です。

▶ 台本読み込みの確認

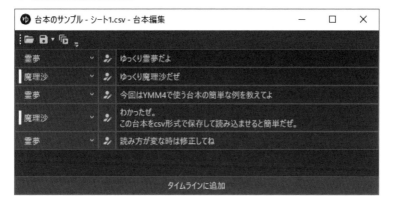

🔔 発音を修正しよう

　台本読み込みが完了したら、次に行うのが発音のチェックと修正です。

　発音を修正すると各シーケンスの長さが変わってしまうため、この作業を最初に行います。先に画像や図形アニメーションを挿入してしまうと、発音修正で変わった位置に合わせて再配置することになり、二度手間になってしまいます。

　発音修正は、シーケンスを選択した状態で「発音」のボックス内にテキストを入力して行います。

▶ 発音の修正

　発音修正したら、ほとんどの場合シーケンスの長さが変わります。

　短くなるとシーケンス間に隙間ができ、長くなるとレイヤーが変わってしまいます。

▶ 発音修正とシーケンスの長さ

$\boxed{\text{Ctrl}}$ ＋ $\boxed{\text{shift}}$ ＋ $\boxed{→}$ キーで現時点より右側を全選択できるので、その状態で
シーケンスを綺麗に並べましょう。

▶ 発音修正後の隙間修正

⠿ 発音の辞書登録

　頻出単語や人名、数字や単位の読み方などはあらかじめ辞書登録すると便
利です。

　辞書登録は「ファイル」メニューから「設定」 ➡ 「単語・発音辞書」を
選択して登録できます。「変換前」に単語を入力します。「変換後」に発音し
たい読み方をひらがなで入力します。

　辞書登録内容は、次回の台本読み込みから反映されます。現在シーケンス
上にある物には反映されないので注意してください。

🔔 キャラクターを表示させよう

発音の修正が終わったら、立ち絵を表示させましょう。

ツールバーの「立ち絵アイテム」をクリックすれば、動く立ち絵がタイムライン上に表示されます。

テキストボックス左の現在選択されているキャラクターが表示されるので、2キャラ以上必要な場合は切り替えてから立ち絵アイテムを使用しましょう。

タイムライン上に立ち絵アイテムを出した後でも、設定項目の「キャラクター」のプルダウンメニューから変更することも可能です。

▶ 立ち絵アイテムを挿入

▶ 立ち絵のキャラクターを変更

キャラクターの表示ができたら、表情を変化させてみましょう。

ツールバーの「表情アイテム」をクリックすると、表情変化に使うシーケンスが表示されます。これは「立ち絵アイテム」よりも上のレイヤー（タイ

ムライン上だと、より数字の大きい方）に配置する必要があります。

　変えたい表情のところで顔のパーツを選択すれば、そのシーンだけ別の表情に設定できます。

▶ 表情の変更

🔔 画像素材を取り込んでみよう

　音声の修正と立ち絵の設定が終わったら、画像を取り込んでいきます。

　背景画像をレイヤーの一番上に配置します。背景画像は動画の冒頭から配置するので、シークバーを一番右に移動させておきましょう。

　画像の取り込みはツールバーの「**画像アイテム**」からフォルダを指定して行います。エクスプローラーから直接ドラッグ＆ドロップでも取り込むことができます。

　背景画像は動画の最後まで表示させたいので、シーケンスの後端をクリックし、動画の最後までドラッグして伸ばせば完成です。

　同様に、動画の途中に挿入したい画像素材を取り込むことができます。

　表示時間やサイズの調整もできるので、必要な調整を行いましょう。

🔔 映像素材を取り込んでみよう

　映像素材（動画）の取り込みも、基本的に画像素材と同様の操作で行えます。

　ツールバーの「動画アイテム」から素材を選択するか、エクスプローラーからドラッグ＆ドロップして取り込みができます。

　画像素材と違う点は、シーケンスの長さを変更できない点です。

　仮にシーケンスを手動で伸ばしても、伸ばした部分は暗転して何も表示されません。

　映像素材の尺が足りない場合は、**「ループ再生」** をONにしてシーケンスを伸ばすか、他の映像素材を配置して対応しましょう。

🔔 テキストを挿入してみよう

　発音のテロップ以外に、画面上にテキストを表示させて画面内の情報量を増やすことができます。

　テキストの挿入は、ツールバーの**「テキストアイテム」** を選択することでタイムラインに表示されます。

　アイテムウインドウの「テキスト」のテキストボックス内に文字を入力するとそれが反映されます。

　フォントや色を調整して、必要なテキストを作成していきましょう。

▶ テキストの挿入

🔔 図形を挿入してみよう

　○△□☆などの図形の挿入は、動画内で強調したい部分のエフェクトや
MV（ミュージックビデオ）のような動画を作成したい時に有効に使えます。

　図形の挿入はツールバーの「**図形アイテム**」を選択することでタイムライ
ンに表示されます。

　アイテムウインドウの図形の種類から好きな図形を選択し、位置やサイ
ズ、角丸半径などを調整しましょう。

▶ 図形の挿入

　図形の挿入で矢印を作成することもできます。デザインにこだわった矢印を使うとき以外は、矢印画像素材をを用意する必要がないので大変便利です。

🔔 エフェクトを適用してみよう

　配置した画像や図形に対してエフェクトをかけられます。

　エフェクトは、アイテムウインドウの映像エフェクトの＋ボタンで追加できます。不要なエフェクトはチェックボックスで無効にできるほか、－ボタンで削除することもできます。

　エフェクトは多く用意されているので、時間を見つけて色々と試してみましょう。

🔔 BGM・SEを挿入してみよう

動画に欠かせないBGM（バックグランドミュージック）やSE（効果音）を挿入していきます。

BGMやSEはツールバーの「音声アイテム」を選択することでタイムラインに表示されます。音声ファイルをエクスプローラーからドラッグ＆ドロップすることでも挿入できます。

音量は、読み上げ音声が聞き取れるように調整しましょう。元データの音量にもよりますが、音量は大きめなことが多いので、3〜20%程度を目安に、音声と被らないように調整します。

BGMやSEの尺は、映像素材と同様にシーケンスを伸ばすだけでは変更できません。必要に応じて「ループ再生」やBGM切り替えをして、動画尺に合った長さを確保しましょう。

▶ 音量設定とループ再生設定

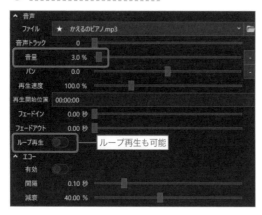

音量調整は、必ずイヤホンやヘッドホンを使用して作業を行いましょう。可能であれば「モニターイヤホン」や「モニターヘッドホン」のような、音楽鑑賞用ではないものを使用すると、より正確に音の調整ができます。

BGMとSEについては、8-4で詳しく解説します。

🔔 動画の保存

動画編集が終わったら、編集ファイルを保存しましょう。

「ファイル」メニューから「プロジェクトを保存」を選択します。

初回保存時は保存場所をたずねられます。任意の場所に保存して、次回以降は保存した「.ymmp」ファイルから続きの作業ができます。

「プロジェクトを別名で保存」を選択すると、今の作業内容を別のファイルとして保存ができます。必要に応じて使い分けましょう。

▶ 動画の保存

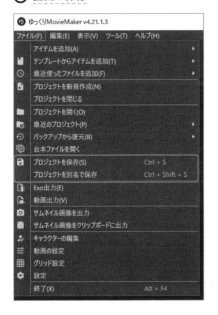

🔔 動画ファイルの書き出し

保存が終わったらファイルの書き出しをしてみましょう。

「ファイル」メニューから「動画出力」を選択すると、「動画出力」画面が表示されます。YouTubeに投稿する場合はデフォルト設定のままで大丈夫です。「出力」ボタンをクリックします。

保存先を選択しファイル名を入力したら「保存」ボタンをクリックして書き出しを開始します。出力した動画を再生して、不備がないかを確認しましょう。

▶ 動画の書き出しと保存先

8-2 画角を構成し世界観を作ろう

　チャンネル設計で決めたコンセプトに従って、動画内全体の「**画角**」（背景やフォント、配置のこと）を作成する必要があります。

　必要な要素や決めるべき項目は次の通りです。

---

❶ **背景画像もしくは背景動画**
❷ **挿入画像の位置**
❸ **黒板など、背景と挿入画像の間に入れる物の有無や種類**
❹ **メインタイトルやサブタイトルのデザインと配置**
❺ **立ち絵の位置**
❻ **テロップベース**
❼ **テロップのフォントや色**

　YMM4内ですべてを作成しても良いですが、黒板やテロップベースなどの画像は、「**Canva**」（https://www.canva.com/ja_jp/）といった画像編集ソフトを使用して作成したものを使うのもいいでしょう。

　画角は、他のチャンネルの動画の画角を分析して決めます。

　「ゆっくり解説」「2ch修羅場」「2ch馴れ初め」「朗読」の各ジャンル別で解説します。

🔔 ゆっくり解説系の画角

　ゆっくり解説系のチャンネル「世界の未解明ミステリー【ゆっくり解説】」（https://www.youtube.com/@w-mystery）の「【総集編】科学で証明できない謎の超常現象24選【ゆっくり解説】」（https://www.youtube.com/watch?v=b1Ts4VxFgfk）を例に、画角を分析します。

　このチャンネルの動画は、全編にわたって大きな画角の変化はありません。背景の動画や挿入画像を話題に合わせて変更して動きを付け、動画としての情報量を増やしています。

　オープニング部分を分解すると次の画像のようになります。背景動画は科学や不思議を感じさせるイメージを用い、挿入画像はその動画のテーマに近いものを使っています。テロップは画面下に2段で配置し、テロップベース（テロップの背景）は透過率を下げた黒です。

▶ OPの要素分解

背景動画
科学や不思議なイメージのもの

挿入画像（動画）
話題に近いイメージのもの

テロップ
画面下に2段で配置
テロップベースは透過率を下げた黒背景

　盤面への切り替えシーンは次のような画面です。大きな文字で場面が変わることを視聴者に伝え、動画にリズムを付ける工夫が施されています。

▶ 切り替えシーン

　動画本編では、画面右上にテロップを常時表示しています。視聴者が今何の話題について話しているか悩まないようにして、離脱を防ぐように工夫しています。

　差し込み画像は、内容に関連の深いものを積極的に採用して、情報量を増やしています。

▶ 本編

本編部分 ──── 関連画像を複数使用

現在の内容を常時表示

🔔 2ch修羅場系の画角

　2ch修羅場系チャンネルの「2chの興味深い話」(https://www.youtube.com/@2chstory72) の「元嫁「私は間男さんと生きたい」俺「じゃあ離婚で」→十数年後に元嫁が他界。離婚後の元嫁の人生は後悔を覚えるほど悲惨だった【2ch修羅場スレ・ゆっくり解説】」(https://www.youtube.com/watch?v=htOQC_5u87w) を例に、画角を分析します。

　2ch修羅場の動画では、登場人物ごとに画像やテロップの色を変更して作られているものが多いです。

　また、語り部の部分では、差し込み画像は関連性をイメージできるものがよく使われます。

　ゆっくり解説動画と比べると、画像やテロップの切り替え頻度が高いですが、背景の動画は内容と関連性は低く、選定難易度は低めです。

▶ **登場人物によって画像やテロップを使いわけている例**

▶ **語り部の部分で 関連性の高い画像を挿入している例**

🔔 2ch馴れ初め系の画角

　2ch馴れ初め系チャンネルの「2ch馴れ初めプランナー」（https://www.youtube.com/@2chNaresomePlanner）の【2ch馴れ初め】凄まじい異臭を放つ貧乏転校生→俺んちの銭湯で働いてもらった結果【ゆっくり解説】）（https://www.youtube.com/watch?v=GPr3BJj9k5A）を例に、画角を分析します。

　2ch馴れ初め系の動画では、全編にわたって差し込み画像が切り替わります。

　テロップは、2ch修羅場系動画のように人物ごとに変えることもありますが、まったく変えずに1種類のテロップデザインだけで作成されることもあります。

　その代わり、挿入画像の切り替え頻度が高く、またアニメーションなどで動きを大きく見せて視聴者を飽きさせない工夫を施しています。

▶ 挿入画像は都度切り替わっているが、テロップ位置やデザインは1種類のみ

🔔 朗読系の画角

　朗読系ジャンルの動画は多岐にわたりますが、朗読系の非属人性YouTube動画では、ゆっくり解説系に近い構成になっています。

　ただし、立ち絵などのゆっくりキャラは使用せず、ナレーションは人工音声だけでなく、人間の音声を収録している場合もあります。

　朗読系チャンネル「宇宙 すずちゃんねる」（https://www.youtube.com/@suzu-channel）の「【地球の隣】プロキシマ・ケンタウリに地球と似た惑星を発見」（https://www.youtube.com/watch?v=HQlxrzYg-cw）を例に画角を分析します。

　このチャンネルでは立ち絵がないことと、音声が人間の音声であること以外は、ゆっくり動画系と似た構図になっています。

　動画の話題に関する画像を多く使用しており、情報収集からナレーション収録、差し込み画像や動画素材の用意などを、すべて高いレベルで管理していることがわかります。

▶ 関連画像の例

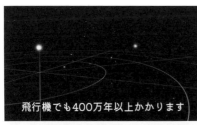
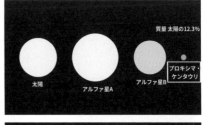

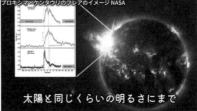

8-3 テロップを入れてみよう

🔔 効果的なテロップは視聴者の離脱も防げる

　発音テロップ（字幕）以外のテロップ挿入について説明します。強調したい部分で使うインパクトの大きいテロップです。

　淡々とした動画は離脱率にも影響するため、視聴者が飽きないように効果的にテロップを使っていきましょう。

　テロップの挿入はツールバーの「テキストアイテム」から行います。

　インパクトのあるテロップにするにはフォントや色、動きのすべてを工夫する必要があるので、順番に解説していきます。

：フォント

　フォントは、テキストで感情や情景を表すのにとても効果的です。例えば怖い系やツッコミ系は次のようなフォントや装飾が効果的です。

▶ フォントの使い分け
（上）略字超少明朝穴（https://booth.pm/ja/items/1534386）
（下）851 チカラヅヨク（https://pm85122.onamae.jp/851ch-dz.html）

：色や大きさ

　文字の「色」や「大きさ」も情報を与えるのに効果的です。

　赤系はツッコミや驚いたとき、青系や紫系は悲しみや恐怖を表すのに適しています。

：装飾

　YMM4では文字の装飾が簡単に設定できます。

　「映像エフェクト」メニューから「装飾」を選択すると、装飾エフェクトがたくさん用意されています。

　「縁取り」は簡単に色を重ねられるので、使いこなしていきたいです。前ページのツッコミ風テロップは、フォント選択と縁取りのみで構成されています。

▶ 縁取りの追加

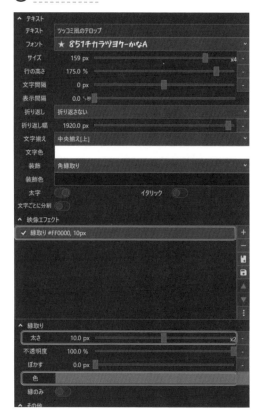

また、テロップにアニメーションを追加することも可能です。

▶ **アニメーションの例**

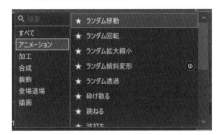

「ランダム移動」「ランダム回転」など、アニメーションには多くの種類があるので、一通り試して動きを確認しておきましょう。

⦂ テロップベース

「**テロップベース**」とは、テロップ単体に付与する背景です。常時表示するメインタイトルやサブタイトル、人物紹介などの際に使用されます。

例えば，次の画像のようなテロップベースの場合は「映像エフェクト」メニューから「装飾」を選択して、「背景塗りつぶし」と、「枠線」➡「映像エフェクト」➡「装飾」➡「影」で簡単に設定できます。

▶ **テロップベースの例**

テロップベースに画像素材を設定することもできます。

「映像エフェクト」メニューから「装飾」を選択し、「背景画像」で設定します。

ただし、このエフェクトはテキストのサイズによって画像素材が倍率で表示されるため、やや使いづらいです。

決まったデザインの背景画像よりも、パターン素材の方が使い勝手が良さそうです。

： 文字揃え

文字揃えは、テロップ作成時には常に意識しておきましょう。

文字揃えの種類は、左右の方向は「左揃え」「中央揃え」「右揃え」で指定して、上下の方向はそれぞれの［上］［中］［上］で指定します。

▶ **文字揃えの選択**

［中］は上下方向での中央揃えを意味します。改行した際にテロップ全体の中心を基準に上下に分かれて改行されます。

▶ **左揃え［中］の挙動**

［中］の挙動 ------- 改行するとテロップ全体の中心を基準に上下に伸びる

8-4 BGMやSEをつけよう

🔔 音声の基礎知識

ここでは動画で使用する「音」に関する基本的な説明をします。

すべての動画において音は非常に重要です。

BGM（バックグランドミュージック）や**SE**（効果音）は動画の仕上がりを左右する大事な役割を果たす要因の1つです。

効果的にBGMやSEを付けることで、視聴者は世界観やシーンを想像しやすくなり、視聴体験を強く印象付けることができます。

：音は減点方式で評価される

音の評価は、加点方式ではなく減点方式であることを覚えておきましょう。内容や動きが素晴らしい動画でも、音量の設定が雑だったりノイズばかりの動画は伸びません。

- **BGMが大きすぎて話声が聞こえない**
- **SEが大きすぎて不快に感じた**
- **話し声が小さかったり雑音ばかりで聞いていられない**

細心の注意を払って音素材を扱いましょう。

YMM4に関しては話し声に対する心配は少ないので、ここでは主にBGMとSEに関して説明をしていきます。

🔔 音量調整の仕方

　BGMやSEは、音声ファイルをダウンロードしてそのまま動画に使用すると、音量が大きくなってしまいます。必ず音量調整して使いましょう。

　3%〜20%程度を目安に、音声と被らないように調整します。

　音量以外のパラメータは、目的がない限りは変えなくて大丈夫です。

▶ 音量調整の目安

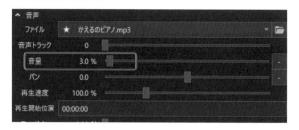

　音量調整は必ずイヤホンやヘッドホンを使用して作業を行いましょう。可能であれば「モニターイヤホン」「モニターヘッドホン」のような、音楽鑑賞用ではないものを使用するとより正確に音の調整ができます。

🔔 ダウンロードする場所

　BGMやSEは、基本的にはインターネット上からダウンロードして使用することがほとんどです。

　有料素材サイトには魅力的な素材がたくさんあります。とはいえ、ゆっくり動画に関しては無料素材で十分なことがほとんどで、むしろ聞きなじみのある音素材はほぼ無料素材サイトのものです。

🔔 BGMの利用規約を必ず確認する

　無料素材サイトで配布している音源でも、利用規約は必ず確認します。

　使用条件が「非営利活動や同人活動に限る」という場合や、使用時にコピーライト表記が必須などの条件を見落とすと、規約違反になります。

🔔 非属人性YouTubeで使われるBGMの特徴

ゆっくり動画など非属人性YouTube動画で使われるBGMは、ポップな曲調やおどろおどろしい曲調など、はっきりとシーンや心境がわかる曲が多いです。

逆にEDM(エレクトロニック・ダンス・ミュージック)や洋楽のようなBGMはあまり使われません。

チャンネルや動画ネタのコンセプトに合っていれば問題ないので、どのような動画にするかで使用するBGMを決めていきましょう。

🔔 オススメのBGMサイト

● **ニコニ・コモンズ** https://commons.nicovideo.jp/
ドワンゴが運営する素材サイト。素材によって使用規約が違うので注意。

● **魔王魂** https://maou.audio/
歌ものやBGMなど、幅広いジャンルの楽曲サイト。使用時はクレジット表記が必要。

● **甘茶の音楽工房** https://amachamusic.chagasi.com/
主張しすぎず聞きやすい楽曲が充実した無料素材サイト。トレンドの楽曲もある。

🔔 SEの3つの役割

BGMだけでなく、SEも動画の仕上がりを左右する重要な要素です。SEの主な役割は次の3つです。

❶ 視聴者の感情を動かす

喜怒哀楽を音によって直接視聴者に訴えかけることができます。感情に訴えかけられる動画は記憶に残りやすくなり、長く視聴してもらえたり、チャンネル内を回遊して他の動画も見てもらえる可能性を広げられます。

❷ 動画にテンポを付ける

　シーンの切り替わりや、解説を順序良く進むシーンに合わせてタイミングよく音を入れることで、動画のテンポが良くなります。

　テンポの良い動画により視聴者には心地よさが生じ、「わかりやすかった」という好印象を与えられます。

❸ 視聴者が飽きないよう惹きつける

　テンポの良い動画は理解度や満足感を与えるだけでなく、離脱率の低減にもつながります。

　リズムよく話題が切り替わることで興味を惹きつけ、最後まで見てもらえる動画に仕立てることができます。

🔔 おすすめのSEサイト

● 効果音ラボ　https://soundeffect-lab.info/
　YouTubeでよく使われる、クオリティの高い無料の効果音が2,000種類以上。

● 効果音辞典　https://sounddictionary.info/
　「効果音ラボ」の後継サイト。高いクオリティで、素材を探しやすい。

● 無料効果音で遊ぼう！
　https://taira-komori.jpn.org/freesound.html
　無料の効果音素材サイト。環境音から海外の音まで、さまざまな種類がある。

Chapter
9

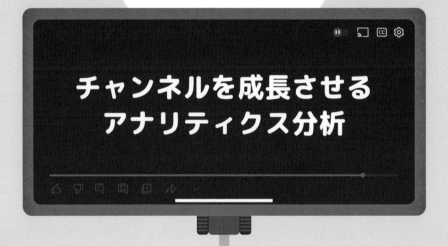

チャンネルを成長させる
アナリティクス分析

YouTubeには標準でアナリティクス機能が備わっています。データを活用し、チャンネルの成長を加速させましょう。非属人性YouTube運営で長期間収入を得続けるのに必須であるアナリティクス分析には、チャンネル成功への道が詰まっています。

9-1 アナリティクス分析❶
チャンネルの健康状態

🔔 アナリティクス分析とは

　YouTubeには「アナリティクス分析」機能があります。アナリティクス
を利用すると、チャンネル運営者が自分のチャンネル全体の視聴回数や上位
コンテンツといった、チャンネル運営に役立つデータを得られます。

　アナリティクスは、YouTube Studioにアクセスして左カラムの「アナリ
ティクス」をクリックして表示される画面で参照できます。

：チャンネルの「健康状態」をチェックする

　アナリティクス分析でチェックするのは、チャンネルの「健康状態」です。
チャンネル運用が順調なときは問題ありません。しかし、チャンネル運用が
上手くいっていないときは、アナリティクス分析を使ってチャンネルの健康
状態を調べます。

　チャンネルの健康状態を認識する上で重要な指標が、**登録者に対する再生
回数の比率**です。筆者はこの比率を「ゾーン状態」「健康状態」「感染状態」
の3つに分けて分析しています。

　登録者数10万人以下チャンネルはこの指標が顕著に現れます。

　まず、自身が運営するチャンネルがどの状態かを見極めてみてください。

🔔 ゾーン状態

「**ゾーン状態**」は、登録者に対して再生回数が大きく上回っている状態です。

登録者数が1万人前後なのに、各動画の再生回数が数万回～十数万回をコンスタントに出しているチャンネルは、ゾーン状態にあります。

次のチャンネルはゆっくり解説系の「ゆっくり侍テクノロジー」（https://www.youtube.com/@stec1124/videos）というチャンネルです。登録者数が一万人強ですが、各動画は数万回再生以上、人気動画を見てもチャンネル開設から数ヶ月程度なのに数十万再生の動画を何本も生み出しています。

▶ ゾーン状態にあるチャンネル例「ゆっくり侍テクノロジー」
（https://www.youtube.com/@stec1124/videos）

登録者に対して平均再生数が大きく上回っているのは、チャンネルが非常に健康な状態です。本来のチャンネルの力以上に結果が出ている興奮状態といえ、ゾーンに入っているような状態です。

各動画の平均の再生数が、登録者に対して3倍以上出ているチャンネルはゾーン状態と言っても良いでしょう。

このようなチャンネルは上り調子のチャンネルなので、ベンチマークとして参考にするのにとても良いチャンネルです。

🔔 健康状態

　「**健康状態**」は、ゾーン状態ほどではないけれど、チャンネルとして健全で比較的安定して落ち着いている段階です。

　チャンネルとして安定期に入っていたり、若いチャンネルが爆発前にこの状態になることも多いです。

　健康状態の目安は、各動画の平均再生回数がチャンネル登録者数と同じ程度です。

　何かの拍子にゾーン状態になることもあるし、逆に不健康な状態になることもありえます。

🔔 感染状態

　チャンネル登録者数に対して、各動画の平均再生回数が下回っている状態を「**感染状態**」と呼んでいます。

　チャンネル開設後、まだ成長段階に入る前、あるいはチャンネルが不健康な状態にある恐れがあります。

　チャンネルを開設してしばらく経つのに、登録者数と再生回数の比率が1を下回ってしまっているのであれば、何かしらの対策を講じる必要がある状態である可能性が非常に高いです。

9-2 アナリティクス分析❷ 視聴者属性

　前節で解説した「登録者に対する再生回数の比率」というのは、あくまで簡易的な見方です。ざっくりとチャンネルがどのような状態を把握するための目安と考えてください。

　詳細な診断は、YouTube Studioの「アナリティクス」機能を使って、チャンネルの状態をより詳細に深堀りできます。

🔔 健康診断に必要な「視聴者属性」

　アナリティクスで分析をする前に、YouTubeを健全に伸ばすために重要な概念を解説します。

　「視聴者属性」 という考え方です。

　YouTubeは視聴者、つまり人間が見ています。

　当たり前のことですが、自分の動画を「人が見ている」という意識を強く持つことは、何よりも重要なのです。

：どういう視聴履歴の人が見ているか

　もしかして「視聴者属性」というのは「ペルソナ」のことだろうか、と考えた人は惜しいです。実際はちょっと違います。

　ペルソナはマーケティング用語で、ユーザーやサービスを利用する架空のユーザー像です。YouTubeにおけるペルソナ設定とは、どのような人物が自分のチャンネルを見ているかを想定するものです。

　視聴者属性とは「自分の動画を視聴した人が、他にどんな動画を見ているか」つまり、どういう視聴履歴を持った人が自分の動画に集まっているか、

というものです。

　例えば、自分が都市伝説のチャンネルを運営していて、その視聴者に Aさん Bさん Cさん という人がいたとします。

　Aさん は都市伝説系の動画が大好きで、他にも「Naokiman Show」（https://www.youtube.com/channel/UC4lN5sizuJraSHqy99xTy6Q）や「コヤッキースタジオ」（https://www.youtube.com/@koyakky-st）の動画を熱心に見ている人です。

　Bさん は「コヤッキースタジオ」はあまり見ないけど「Naokiman Show」はよく見ていて、ほかに「ウマヅラビデオ」（https://www.youtube.com/channel/UCvral4FSl9dOOUV-yRloawA）などを好んで見ています。

　Cさん は大手の都市伝説系のチャンネルはあまり見ないものの、都市伝説自体は好きであり、ゆっくり解説も大好きです。そのため、「闇世界のツーリスト【ゆっくり解説】」（https://www.youtube.com/@Dark-world_Tourist）やそのほかのゆっくりの都市伝説を見ています。

　Aさん Bさん Cさん は主に都市伝説やそれに近いジャンルの動画を好んで見ている人たちであることがわかります。強いテーマの都市伝説の動画を公開すれば、この3人には高い確率で見てもらえそうです。

　次に、あなたのチャンネルの動画を見た Dさん Eさん Fさん がいたとします。

　Dさん は可愛いものが大好きで、「もちまる日記」（https://www.youtube.com/@motimaru）をはじめ可愛い動物のチャンネルをたくさん見ています。

　Eさん は怖い話が大好きで「たっくーTVれいでぃお」（https://www.youtube.com/channel/UCkkxn2ldlFUMupTIXU8meAw）のような怪談動画をいつも寝る前に見ています。

　Fさん はゲームが大好きです。特にスマブラが大好きで「Zackray / ザクレイ」（https://www.youtube.com/channel/UCfoTAd662mucYxhZo7YHR9A）やスマブラ配信者の動画をたくさん見ています。

　この三人の場合、都市伝説動画をおすすめしても、 Eさん 以外は興味を持ちそうにありません。

　このように、視聴者の好みを分類したものを「視聴者属性」と筆者は呼ん

でいます。ペルソナとの違いは、動画の視聴履歴に重きを置いている点です。

：ペルソナと視聴履歴は必ずしも一致しない

例えば、30代前半の独身女性で、毎月旅行に出かける人をペルソナにしたとします。

この人は旅行好きだけど、旅行が好きなだけで人が旅行しているところはあまり興味がない、旅行動画は普段ほとんど見ない人だとします。

この場合、YouTubeのおすすめに旅行動画が上がっても、見る可能性は非常に低くなります。

逆に、熱心にキャンプ動画を見ている人がいるとします。しかし、その人はリアルでは一切アウトドアに関心がありません。純粋に「自分が絶対しないことをしている人の行動」に関心があるので動画を見ています。

こういう人も、ペルソナと視聴動画に乖離があります。

：ペルソナはチャンネル開設前に有効

もちろんペルソナ設定もとても大切な工程です。しかし、それはチャンネルを開設する前、チャンネルの設計段階の話です。

チャンネル開設前に視聴者像を想定することは、チャンネルコンセプトや動画テーマが大きくズレないようにする効果があります。

しかし、チャンネル開始後は「どのような動画を見ている視聴者が集まっているか」に意識を向ける方が、チャンネルの成長を促せると筆者は考えています。

自分のチャンネル視聴者が、他にどんな動画を見ているか。それを把握することで、同様の嗜好を持つ視聴者のおすすめに露出した際のクリック確率が跳ね上がります。また、既存視聴者の反応率が高まることで、チャンネル登録していない人やチャンネルを見たことがない人にもおすすめされる確率が上がってきます。

視聴者属性の意識を持った上でアナリティクスの見方を知ると、有効にこの機能を使いこなせます。

アナリティクスを正しく見られるようになると、自身のチャンネルの健康状態をすぐに察知できるようになります。

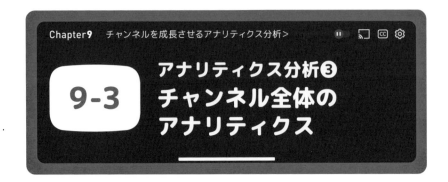

9-3 アナリティクス分析❸
チャンネル全体の
アナリティクス

🔔 チャンネル全体のアナリティクス

アナリティクス画面でわかることを説明します。

自分のYouTubeチャンネルのYouTube Studioを表示します。左カラムに「アナリティクス」項目があるので選択してください。

▶ チャンネル全体のアナリティクス画面

最初に表示されるのはチャンネル全体のデータです。

左から「概要」「コンテンツ」「視聴者」「リサーチ」タブが並んでいます。

収益化チャンネルの場合、「視聴者」と「リサーチ」の間に「収益」タブが表示されます。

チャンネルの健康状態を知ることが目的なので、「概要」「コンテンツ」「視聴者」について主に解説していきます。

🔔 「リアルタイム」と「最新コンテンツ」

アナリティクス画面の右側には「リアルタイム」と「最新コンテンツ」という項目が表示されます。

「リアルタイム」は直近48時間の登録者数と再生回数、そして再生回数の内訳です。

▶ リアルタイム・最新コンテンツ画面

「リアルタイム」は「今何が伸びているのか」「どの動画が伸びているのか」がもっともわかる項目です。

　リアルタイムの数字が高いときは、最新動画のインプレッションも大きくなりやすいという傾向があります。リアルタイムベースをどう上げるか、と意識することが多いです。

　「最新コンテンツ」では、最新動画10本のパフォーマンスを見ることができます。

　最新コンテンツで注目するのは、直近動画10本のうち最新動画が何番目のパフォーマンスであるか、です。

　チャンネル全体が上り調子のときは、最新動画が1位、2位を連発しやすいです。逆に下がり調子のときは8位から10位になりがちです。

　簡単に見られるので、この順位を意識しがちになりますが、あまり意識しすぎてもよくありません。

🔔 概要

　「概要」について解説します。

　画面右上で設定している期間の期間視聴回数、総再生時間、チャンネル登録者数を確認できます。

▶ 概要

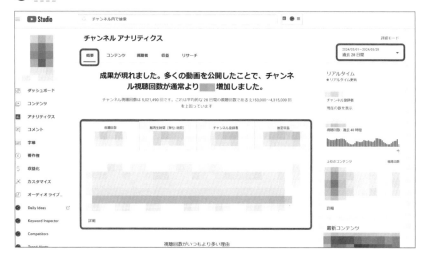

「概要」画面下部には、設定した期間の上位コンテンツの数字が表示されます。

▶ 指定期間の上位コンテンツ

期間は、初期設定では過去28日間になっています。

過去7日、90日、365日、全期間に変更可能です。また年度別や月別、カスタム機能を使えば任意の期間のデータを見ることができます。

🔔 コンテンツ

「コンテンツ」では、各コンテンツの詳細なデータを見られます。

設定期間の視聴回数、インプレッション数、クリック率、平均視聴時間、視聴者があなたの動画をどうやって見つけたのかや、その期間の人気動画がまとめられています。

▶ コンテンツページ

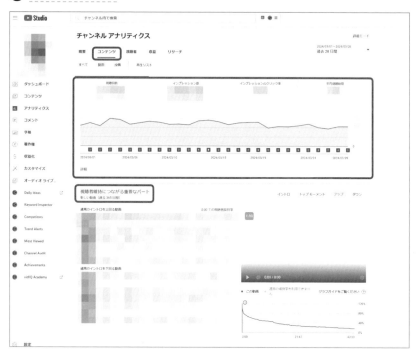

　画面中央には「視聴者維持につながる重要なパート」という項目がありま
す。冒頭30秒でどのくらいの人が動画を見続けたかについて、冒頭の離脱
が少なかった動画と離脱が多かった動画がそれぞれ5本ずつ掲載されていま
す。

> ● 冒頭の離脱率が少なかった動画
> ● 冒頭の離脱率が高かった動画

　右側の「イントロ」「トップモーメント」「アップ」「ダウン」の各項目で、
動画維持率グラフをより詳しく確認できます。視聴者が盛り上がるポイント
や、視聴者が離れやすいポイントを知ることができます。
　冒頭の離脱率は動画の視聴時間にとても影響するので、大事な指標です。

🔔 視聴者

「視聴者」では、動画を見ている視聴者のデータがわかります。

「リピーター」項目では、チャンネルのコンテンツを複数回見ている人数や、新規視聴者数を確認できます。

▶ 視聴者①

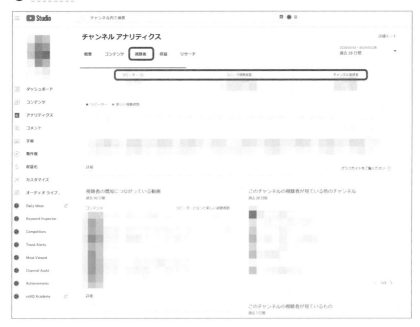

▶ 視聴者②

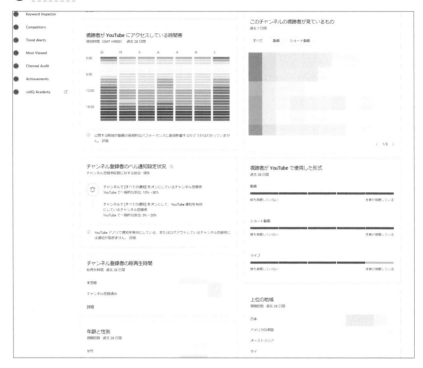

　「ユニーク視聴者数」は、指定期間に実際にアクセスしてきた視聴者の数です。

　動画の視聴回数は、同じ視聴者が複数のデバイスで視聴したり、家族で単一デバイスで見るケースもあるので、それを考慮した実際の人数を集計しています。

　「チャンネル登録者」では登録者数の推移がわかります。

：「リピーター」と「新規視聴者」

　「リピーター」と「新しい視聴者」のバランスはとても大切です。

　新しい視聴者（新規視聴者）数が増えているのにリピーターが増えていない場合、チャンネルのコンテンツは繰り返し見ようと思えない動画だと判断されている恐れがあります。

　逆にリピーターばかりで新規の流入が増えていない場合は、視聴者の範囲

が狭く扱っているテーマがニッチになっているのかもしれません。

　さらに、次のようなこともわかります。

- 視聴者の増加に繋がっている動画
  ここではどの動画がチャンネルの視聴者を増やしているのかがわかります。
- 人気のチャンネル
  この項目で自分の動画を視聴している人が見ているほかのチャンネルを知ることができます。
- このチャンネルの視聴者が見ているもの
  この項目ではさらに直近７日間で自分のチャンネルを見た人が他にどんな動画を見ているかという動画単位の情報を知ることができます。
- 視聴者がYouTubeにアクセスしている時間帯
  この項目では自身のチャンネルの動画を視聴者がよく見てくれている時間帯を知ることができます。

　他にも通知設定や見ている人の住んでいる国、どのくらいチャンネル登録者の人が見ているかや見ている人の字幕利用率、年齢や性別などのデータを知ることができます。

🔔 動画ごとのアナリティクス

　アナリティクスのデータは、動画単位でも確認できます。

　動画単位で見てみないとわからないこともたくさんあるので、このページも使い倒してしっかりと分析に役立てましょう。

　動画単位のアナリティクスを見るためには、YouTube Studioの「コンテンツ」からデータを見たい動画を開きます。すると「アナリティクス」項目があるので選択します。

▶ 動画単位のアナリティクス画面

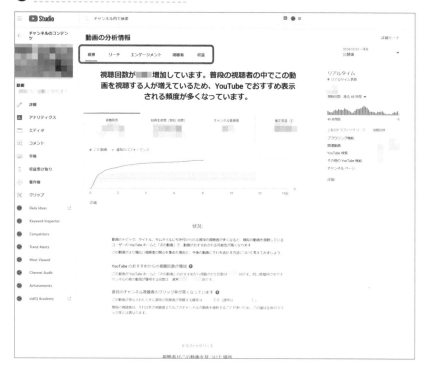

　各動画のアナリティクス画面には「概要」「リーチ」「エンゲージメント」「視聴者」（収益化済みの場合は「収益」も）というタブがあります。内容は動画単位の情報です。

⋮ 概要

　各動画の「概要」では、チャンネルアナリティクスの概要と同じように設定している期間の期間視聴回数、総再生時間、チャンネル登録者数を知ることができます。

　画面下には「トラフィックソース」という項目があります。

▶ 動画単位の概要で見られる項目

この項目は、どのような経路で視聴者がこの動画にアクセスしたかを示すデータです。

おすすめ機能からか、関連動画か、チャンネルページからなのかなどがわかります。

その下には平均視聴時間などのデータが表示されています。どのくらいの時間視聴されたのか、簡易的な数字をパッと知ることができます。

：リーチ

各動画の「リーチ」タブでは、「インプレッション数」「インプレッションのクリック率」「視聴回数」「ユニーク視聴者数」のデータが見られます。

インプレッション数は、おすすめなどで動画が「表示された回数」です。それがどのくらいクリックされたのかで、再生回数が決まります。

ユニーク視聴者数で、実際に何人が見たのかがわかります。この動画が繰

り返し見られる動画か否かがここでわかります。

▶ リーチ

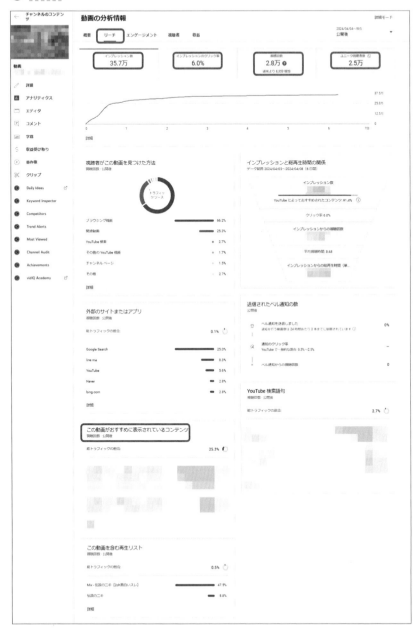

トラフィックソースの詳しい数値や、インプレッション数と総再生時間の関係性を知ることで、表示回数に対して効率的に再生時間を貯められたかがわかります。動画が外部サイトでどのように見つかったかや、通知設定のクリック率もわかります。

「この動画がおすすめに表示されているコンテンツ」では、この動画が他のどの動画の関連動画に表示されたかがわかります。検索キーワードや再生リストがどれくらい見られているかも表示されています。

：エンゲージメント

各動画の「エンゲージメント」では動画の反応率がわかります。

総再生時間、平均視聴時間、高評価の比率や終了画面のクリック数がわかります。

：視聴者

各動画の「視聴者」では、動画単位の新規視聴者数、リピーターの数、そしてユニーク視聴数や登録者の推移がわかります。

視聴者の登録者比率や年齢や性別、地域や字幕設定を動画単位のデータとして見られます。

🔔 絶対に使ってほしい「詳細」モード

アナリティクスで絶対に使ってほしい機能が「詳細」モードです。

「詳細」はさまざまな項目にあります。例えば、各動画のアナリティクスで「リーチ」タブを開きます。

「この動画がおすすめに表示されているコンテンツ」左下に青文字で「詳細」というリンクが表示されています。

▶「詳細」の入り口

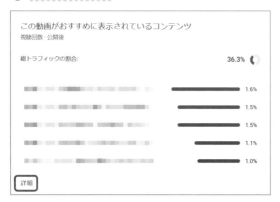

クリックすると、より詳細なデータを見られます。

「この動画がおすすめに表示されているコンテンツ」は、関連動画に表示された他の動画がわかりますが、どのくらい表示されたのかや、クリックされてどのくらい見られたのかまで細かくデータがわかります。

▶ 詳細モード画面

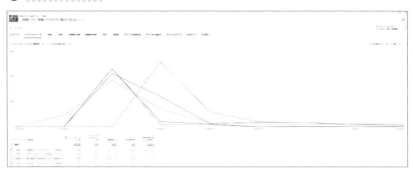

さまざまな項目で詳細なデータが見られるので、詳細モードを確認する癖をつけましょう！

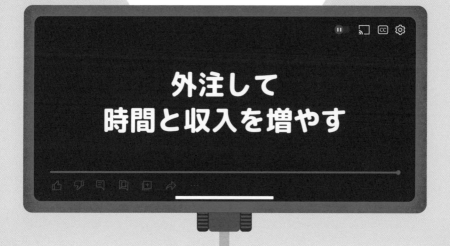

外注して
時間と収入を増やす

あなたが「非属人性YouTubeで月500万円以上稼ぎたい」と思
うなら、外注化はほぼ必須です。「外注化を極めた人が非属人性
YouTubeを極める」と言っても過言ではありません。時間と収入を
同時に得るための外注化術について解説します。

10-1　外注化の全体像を知ろう

YouTube運営の外注化には次のようなメリットがあります。

収入面のメリット

- 投稿頻度を増やすことでチャンネルの収益を向上させられる
- 自分が働かずに収入を得られる
- 同じチャンネルをたくさん作る（横展開）ことで収入の桁を上げられる

その他のメリット

- 時間を作れる
- 自分に技術がなくても参入できる（漫画動画など）
- 自分のチームができるので働くモチベーションに繋がる

　収入面、時間面でのメリットが大きいイメージを持つ人が多いと思いますが、技術面や精神面でもメリットがあります。

　デメリットらしいデメリットもないので、やらない理由（資金面、精神面）がなければ外注化はすべきだと筆者は考えています。

　外注化の全体像を把握しておきましょう。

🔔 外注化全体の流れ

外注化全体の流れは次のとおりです。

❶ 動画制作工程を分割する
❷ マニュアルを作成する
❸ 採用で使うサービスを決め、募集を開始する
❹ 募集、採用する
❺ 管理、委託する

それぞれ簡単に解説します。

❶ 動画制作工程を分割する

最初に、自分の動画制作工程を分割します。

そのうえで「何を外注するか」を決めましょう。

非属人性YouTubeで外注できる作業の例は次の通りです。

- 情報取集
- プロット作成
- 台本作成
- 動画編集
- サムネ作成
- 投稿
- ワーカーの採用

「ワーカー」とは、インターネットを経由して単発の仕事を請け負う人のことです。

基本的に人が作業すること・考えることであれば大概のことは外注できます。

工程を細かく分割するほど、各工程の外注費を低く抑えられたりワーカーさんの習熟度が向上しやすいというメリットがあります。一方で、細分化すると管理の労力が増すデメリットはあります。

管理が得意な場合は細かく分割することをおすすめします。

❷ マニュアルを作成する

動画制作工程を分割したら、工程ごとにマニュアルを作成します。
マニュアルの詳しい作成方法については10-2で後述します。

❸ 採用で使うサービスを決め、募集を開始する

外注先を探して、採用する際に使うサービスなどを決めます。
クラウドワークスなどのアウトソーシングサービスから、SNSでの募集
やオフラインでの直接スカウトなど、さまざまな方法があります。

- クラウドワークス（https://crowdworks.jp/）
- ランサーズ（https://www.lancers.jp/）
- ココナラ（https://coconala.com/）
- シュフティ（https://app.shufti.jp/）
- Indeed(https://jp.indeed.com/）
- 求人ボックス（https:// 求人ボックス .com/）
- SNSで募集（X、Instagram、Meta、YouTube等）
- オンラインサロンで募集
- オフラインで直接スカウト（親族、友人、知人等）

これ以外にもたくさんありますが、結論から言うとクラウドワークスのみ
で大丈夫です。ただし、募集先の特徴を知っておいたほうがいいので解説し
ます。
募集先には大きくわけて次の3種類があります。

① クラウドソーシングサイト
② 求人サイト
③ 直接募集

それぞれの特徴や、強み・弱みを解説します。

①クラウドソーシングサイト

「外注しよう」と考えたとき、真っ先に候補として挙がるのがクラウドソーシングサイトです。クラウドソーシングサイトとは、不特定多数の見知らぬ他人同士が発注したり受注したりするサイトの総称ですね。

発注・受注は個人間の取引として行われ、仕事を依頼するクライアント（発注者）と、仕事を請け負うワーカー（受注者）をマッチングします。

主要なクラウドソーシングサイトは次のとおりです。

> - **クラウドワークス**
> - **ランサーズ**
> - **ココナラ**
> - **シュフティ**

クライアントサイトの強みは次のようなものです。仕事を請け負いたい人が多く利用しているため、希望人材を集めるのが容易です。

> - **スピーディーに希望の人材を集められる**
> - **求人サイト等に比べて比較的安価に採用できる**
> - **支払いや契約等をサイト側が仲介してくれるためトラブルが起こりづらい**

一方、クラウドソーシングサイトを利用する場合、対面ではないこともあり、受注する人のスキルを見極めるのが難しいデメリットがあります。

> - **スキルや信頼度の見極めが難しい**
> - **使いこなすまでにやや時間がかかる**

主要なクラウドソーシングサイトの特徴を紹介します。

● **クラウドワークス、ランサーズ**

主に使うのはこの２つのサイトになるでしょう。案件数やアクティブユー

ザー数が多く、もっとも活発なクラウドソーシングサイトです。

　特にこだわりがなければクラウドワークスのみで大丈夫です。筆者の場合、ランサーズは急ぐ場合や募集が少ないような場面で補助的に使うことが多いです。

● ココナラ

　ココナラは「ワーカーがスキルを提示して、クライアントが仕事を依頼する」方式です。質の高いイラスト作成や、編集などを依頼する際によく使います。

　チャンネルのアイコンやオープニング動画など、クオリティの高さを求める場合はココナラがいいでしょう。ただし依頼報酬は高めです。

● シュフティ

　シュフティは、主に主婦が集まるクラウドソーシングサイトです。文字起こしや単純なリサーチ作業等の簡単な仕事を依頼する際に利用します。

　アクティブユーザーは他のクラウドソーシングサイトに比べて少ないですが、簡単な仕事であれば十分な数の応募があります。

：② 求人サイト

　やや高度な仕事を依頼するときは、求人サイトを使う場合があります。例えばチャンネル運営の委託や、経理などのバックオフィス業務です。

　チャンネル運営の初期はほとんど使うことはありませんが、正社員一歩手前のような人を雇う際は有効かもしれません。

　主な求人サイトは次の２つです。

● **Indeed**
● **求人ボックス**

　YouTube運営者でこういった求人サイトを使っているのは、事業規模を大きく拡大した極少数のみです。基本的には使わない認識で問題ありません。

⋮ ③ 直接募集

　自分の信用や人脈を使って直接的に募集・スカウトしていく方法です。直接募集の強みは次のとおりです。

> - **自分の考え方を理解してくれる人が集まりやすい**
> - **専門的な人材とマッチングしやすい**
> - **強固な絆を築き上げやすい**

　一方で、直接募集すると自分が望むような人が集まらないことがあります。直接募集の弱点は次のとおりです。

> - **融通が利きづらい場合がある**
> - **スキル不足の人材が多い場合がある**
> - **雇い止めしづらい**

　直接募集する場合は、次のような場所で行います。

> - **SNSで募集（X、Instagram、Meta、YouTube等）**
> - **オンラインサロンで募集**
> - **オフラインで直接スカウト（親族、友人、知人等）**

　SNSやオンラインサロン内で積極的に情報発信していれば、発信内容に共感した人によってコミュニティが形成されています。そういった人を採用する場合は、人柄を知らないことによって起こる不具合やトラブルが起こりにくいものです。オフラインの人間関係を通じて雇う場合であればなおさらでしょう。

　直接募集の場合は「スキル重視」「人柄重視」のどちらかで募集することが多く、それぞれにメリットデメリットがあります。

　スキル重視の場合は、スキルが高くプロとして責任感ある人を採用できる可能性が高い一方、報酬も高くなりがちです。クオリティに力を入れたかったり、他のワーカーを指導する立場の人を雇う場合は効果的です。

人柄重視の場合は、コミュニケーションのスムーズさや信頼性でのストレスはなくなります。一方で、スキルや知識に不安があることがあります。経理やチャンネル運営など、信頼性が重視される仕事を任せる場合に有効です。

❹ 募集、採用する

　募集方法を決めたら、実際に募集・採用します。
　募集にあたっての準備は次のとおりです。

> ① 報酬を決める
> ② 採用する人数を決める
> ③ 募集文を考え、案件を開始する
> ④ トライアル（試用）を実施する

①報酬を決める

　仕事ごとに報酬を決めます。
　運営者側としては報酬は経費なので、低い方が望ましいです。
　しかし、最近はチャンネル数も増え、外注需要に対してワーカーの供給が不足している状況です。継続的に働いてほしいという観点でも、報酬はある程度高めに設定することが多くなると思います。
　報酬の決め方ですが、募集するサイトや仕事内容によって上下します。まずは報酬の相場観をつかみます。クラウドワークスで次のような手順で人気案件の相場を調べます。

> ① 受注者メニューで仕事のキーワードを入力する
> 　（例）YouTube　台本　スカッと
> ② 終了案件もすべて表示させる
> ③ 人気順に並び替える
> ④ 上位案件の「単価」「応募人数」の関係を見て相場をつかむ

似た案件をリサーチして、相場で決めるということです。

❶「クラウドワーカー（受注者）メニュー」でログイン

❷「募集中の仕事一覧」へ移動

❸ 案件検索窓で検索する。募集終了案件も表示し、人気順にソートする

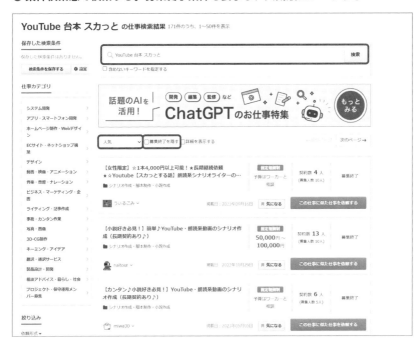

Chapter10 外注して時間と収入を増やす

❹ 案件詳細画面

検索窓に案件名を入力し、終了案件もすべて表示させ、人気順に並び替えます。

案件名入力の際は、類似ワードを複数入力することで、多くの案件を探すことが可能です。例えば、台本であれば「シナリオ」なども調べます。

案件の詳細を開き、応募人数と単価の関係をチェックして相場感覚をつかみます。

作業内容（台本執筆する文字数や編集する動画の長さ、内容の難易度）によって上下するので、その点も併せてチェックしてください。

： ② 採用する人数を決める

採用人数は案件の規模によって異なります。
ここでは目安を示します。

週1〜2本投稿	週2〜4本投稿	週4〜7投稿
ライター：2〜3名	ライター：3名〜	ライター：4名〜
編集者 ：2〜3名	編集者 ：3名〜	編集者 ：4名〜

人数の目安を示しましたが、実際は週の納品数で考えます。

極端な話ですが、毎日投稿するチャンネルでも、週7本納品してくれる人がいれば1名で足ります。そのため、ワーカーごとの納品可能数を見て調整します。

ただし、少数のワーカーに頼ると運営が不安定になります。可能な範囲で人数を増やして、リスクヘッジしておきましょう。

： ③ 募集文を考え、案件を開始する

相場をつかんだら、次は募集文を考えます。
募集文には「タイトル」と「本文」があります。
作成手順は次のとおりです。

❶ 似た案件を人気順に表示
❷ 上位案件のタイトルと募集文を分析
❸ 参考にして作成

YouTube動画と同じで「リサーチ」「分析」「作成」を実施します。「丸パクリNG」というのも同じです。リサーチした上で、自分の言葉で書きましょう。

募集文を書く際のポイントは、「受注側の気持ちになって考えること」です。受注側も目的があって仕事を探しています。働く主な動機は次のようなことが考えられます。

- お金がほしい
- スキルアップしたい
- スキマ時間に稼ぎたい

それを踏まえ、発注側としては次の訴求を行います。

- 単価訴求
- 手軽さ訴求
- スキルアップ訴求
- 長期継続訴求

　応募する人が何を求めているのか、どのような不安を覚えるのかを見抜き、これらをくみ取ってタイトル・募集文を考えましょう。

　募集文の中には「良い人を採用するための仕掛け」を作ります。募集の後にトライアルへ進みますが、トライアルにも手間と費用がかかります。そのため、募集時点でできるだけ採用レベルに近い人に応募してほしいものです。

　そこで、募集文にこっそりテストを仕掛け、一定レベル以上かどうかを判断します。

　募集文で判断できるのは次の点です。

- 文章をすべて読む人かどうか（仕事への取り組み姿勢）
- 読解力がある人かどうか
- 日本語力（作文能力）

テスト項目は次の2点です。

- 応募時の報酬設定
- 募集文下部にある質問項目への回答

　「応募時の報酬設定」はトライアルの単価です。本採用後の報酬とは異なります。この状況を利用します。

　このテストでは「文章をすべて読む人かどうか（仕事への取り組み姿勢）」

を判断できます。

　募集文の「単価」あるいは「トライアル方法」の項目で、「応募の際はトライアル単価である〇円でご応募ください」と記載しておきましょう。

　募集文全体をしっかり読んでいる人であれば、トライアル単価を正確に記入してくるはずです。読んでいない人は本採用後の単価を記入してきます。ここで正しい額を記入できていない人はふるいにかけましょう。

　「募集文下部にある質問項目への回答」は、多くの募集文には最後に「応募時は以下の質問に回答してください」という形でいくつかの質問項目が設けられています。これを利用します。

　質問項目の例は次のとおりです。

- **簡単な自己紹介**
- **執筆の経験（担当した YouTube 動画などあれば教えてください）**
- **1ヶ月の作成希望本数**
- **1日に作成可能な本数**
- **1本あたりの納期**
- **お仕事の希望期間（長期希望の方を優先させて頂きます）**
- **イメージのようなシナリオは作れそうですか？**
- **使用している PC のスペックを教えてください**
- **普段視聴している YouTube チャンネルと、なぜ視聴しているかを教えてください**
- **〇〇ジャンルの中でご存知の YouTube チャンネルを教えてください**

　質問項目に対して的確に回答できているか、こちらの希望に沿う内容であるか、接続詞や句読点の位置などに違和感がないかを確認してください。

　次のような場合は不採用になります。

- **日本語がおかしい（接続詞の使い方、句読点の位置等）**
- **質問の趣旨を理解していない**
- **そもそも回答していない**

　上記項目を満たしていても、質問への回答が基準に満たない場合は不採用で構いません。質問項目は募集する案件に合わせて適切なものを考えましょ

う。

　募集文を考えたら、あとはその他設定項目を入力してください。次の点を押さえておくといいでしょう。

- **募集期限：短めに設定する（1〜3日など）**
  期限が短いと上位表示される傾向があるため
- **募集人数：少な目に設定する（1人〜2人など）**
  限定性を演出するため
- **予算設定：ウソの無い範囲で高めに設定する**
  安定した発注ができることを伝えるため

④トライアル（試用）を実施する

　募集開始して応募があっても、すぐに採用を決めてはいけません。求めるスキルがあるのか、信頼できるのかをテストする必要があります。それが「トライアル」です。簡単なテストを実施して、合格した人のみ採用します。

　トライアルで意識することは次のとおりです。

- **スキルは問題ないか**
- **納期を守れるか**
- **チャットコミュニケーションに問題はないか**
- **レスの速度は速いか**

　上記項目を見るため、トライアルを実施する際は次の内容を事前に考えておきましょう。

何回トライアルするか	通常は1回でOKですが、不安であれば複数回実施します
トライアル報酬はいくらか	通常は正規報酬の20〜50%程度です
何人までトライアルするか	採用予定人数の1.5〜5倍程度が望ましいです（案件の難しさによる）

トライアル課題は、トライアル専用の課題を作ってもいいですし、実際の案件に参加してもらっても構いません。ただし、実案件の場合はマニュアルを見せる必要があります。マニュアル流出のリスクを抑えたければ、トライアル課題を用意しておきましょう。提出された納品物を見て、スキルに問題がないかを確認します。

　納品時は「納期を守れているか」も確認してください。理想は納期内の納品ですが、納期に遅れる場合でも事前連絡があり、理由に納得できれば問題ありません。納期前に納品してくれる人は即採用レベルです。

　チャットコミュニケーションスキルは、単純に「分かりやすい文章がかけるかどうか」です。長々と分かりづらい文章を書く人は、コミュニケーションコストが高くなりがちなので注意してください。結論ファーストですっきりした文章を書く人が採用候補です。

　レス速度は、何度もやりとりすることで判断できます。一度に伝えられる内容でも、あえて短い文章で複数回やりとりすることで、レスの平均速度がわかります。レスは早いに越したことはありません。レスポンスが早い人は有力な採用候補になります。逆に、返信に24時間以上かかるなど遅い場合は不採用候補となります。

❺ 管理、委託する

　ワーカーを採用したら、管理や委託をします。
　管理、委託は次のような内容です。

- 品質管理
- 進捗管理
- 人員管理
- 金銭管理
- チャンネル運営を委託する

　各管理については10-3で解説します。チャンネル運営の委託については読者特典PDF（272ページ参照）で詳しく解説します。

10-2 外注マニュアルを作って品質を管理しよう

　外注先を募集して応募してきた人たちに仕事を依頼する際に、気をつけることがあります。それは「お金を払ってるんだから良い成果物を納品してくれるのが当たり前」「高単価な外注先ほど良い成果物を作ってくれる」という幻想を捨てることです。

　もちろん、単価が上がれば良いものを作ってくれる人は多いのですが、必ずではありません。筆者は1文字3円（中級者向け単価）で発注したにも関わらず、大部分をリライトしたことがあります。

　はじめて依頼する相手であれば力量がはかれないことは仕方ありませんが、そう言った状況を極力防ぐことは可能です。

　そのために必要なのが「**マニュアル（外注マニュアル）**」です。外注化で必須のマニュアルについて詳しく解説します。

🔔 外注マニュアルの役割

　外注マニュアルの役割は次の2つのパートで考えます。

> ❶ 運営者の意図や求めるレベルを伝える
> ❷ ワーカーを育てる

　1つずつ説明します。

❶ 運営者の意図や求めるレベルを伝える

マニュアル1つ目の役割は「運営者の意図や求めるレベルを伝える役割」です。

どんなベテラン受注者でも、運営者から何の指示もなければ期待通りの成果物を納品することは不可能です。仕様書がなければモノを作れないのと同じですね。

マニュアルで「どういう動画を作りたいか」を言語化して相手に伝えましょう。マニュアルに必要な項目は次の通りです。

共通
❶ベンチマークチャンネル
❷自チャンネルのコンセプト
❸ターゲット像
❹素材の収集先

ライター
❶台本の書式や文字数についてのルール
❷キャラクターの設定
❸台本構成や流れ

編集者
❶編集ソフトの設定
❷デフォルト素材の保管場所、使用方法
❸テロップのフォントや装飾、サイズ、配置設定、使い分け等

共通項目の1つ目は「ベンチマークチャンネル」です。

ベンチマークを伝えると、慣れたワーカーであればチャンネルのコンセプトや動画の構成、ターゲットの好みなどを自分で汲み取ってくれます。絶対に必要な情報なので必ず盛り込みましょう。

「自チャンネルのコンセプト」「ターゲット像」ではコンセプトとターゲットを明確に言語化し、ベンチマークだけでは伝わらない自身のチャンネル像を伝えます。

それがベンチマークとまったく同じでも、ベンチマークを見てコンセプトやターゲット像がすぐにわかる人は稀です。マニュアルで言語化して伝えます。

「素材の収集先」は、分かる場合のみ記載しましょう。外注先に探しても
らうのも手ですが、事前に指定できると、意図した成果物を納品してもらい
やすくなります。

　ライター・編集者の各項目については、分析した内容や自分で作って分
かった内容を記載しましょう。それぞれ具体的な作り方について解説しま
す。

：台本マニュアルの作り方

台本マニュアル作成の流れは次の通りです。

❶ 動画から文字起こしをする
❷ 台本構成を分析
❸ 分析したことを言語化

動画の文字起こし

　台本マニュアルのベースになるテキストは、公開済みの動画から作成しま
す。「文字起こし」と言いますが、これはYouTubeの文字起こし機能を使う
と便利です。

　動画の概要欄の「文字起こしを表示」ボタンをクリックします。

　動画の右側に「文字起こし」が表示されます。「文字起こし」右上のハン
バーガーメニューをクリックし「タイムスタンプ表示を切り替える」を選択
します。

　タイプスタンプ（0:00で表示される経過時間）が消えて文字だけが残り
ます。その文字をスプレッドシートやドキュメントシート等に転記して素材
として利用します。

▶ 動画の文字起こし機能

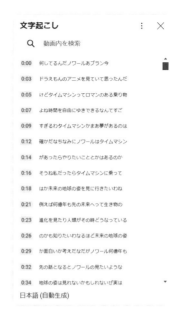

台本分析

台本分析でおこなう項目は次の通りです。

台本のつくり方はChapter 7で解説しています。その内容を分析します。

- ● 台本構成
- ● 視聴者の感情
- ● 文字数の構成比
- ● 台本作成者の意図や工夫

分析したことを言語化してマニュアル化します。

最初から完璧なものを仕上げようとする必要はなく、6〜7割程度で大丈夫です。運営しながら気づいたことや、ワーカーから質問されたことなどを追記していき完成を目指します。

∴ 編集マニュアルの作り方

編集マニュアル作成の流れは次の通りです。

❶ ベンチマークの要素を分析
❷ 編集ソフトで再現
❸ 言語化

動画の作り方は Chapter 8 で解説した通りです。

動画編集を自分でしない運営者の場合、細かい設定項目は動画編集を中心的に任せているワーカーに依頼してマニュアルを作成してください。実力のある編集者であれば、参考動画と変更点を伝えるだけで動画を作成してくれます。

設定項目ごとの数値や視聴者に受けるためのコツを記載してマニュアルを作ります。

編集マニュアルも、台本マニュアルと同様に最初から完璧なものを仕上げる必要はありません。6 〜 7 割程度完成させたら、あとは運営しながら追記して完成を目指します。

❷ ワーカーを育てる

外注マニュアル作成の目的は「動画作成の仕様を伝える」ことと、「ワーカーを育てる」ことです。

「ワーカーを育てる役割」のマニュアルでは、次のことについて伝えます。

①ライティングや編集のコツ、ツールの使い方など
②OK 事例、NG 事例、添削事例
③よくあるミス集、質問集

： ①ライティングや編集のコツ、ツールの使い方など

台本・動画制作のコツや編集ソフト等の使い方をマニュアルにします。経験の少ない受注者のスキルを底上げすることが可能です。

ライティングテクニックや編集ソフト等の使い方、編集テクニック等などを網羅することで、経験の浅い受注者も依頼を重ねるごとにレベルアップします。

単価の低いワーカーは経験が浅いことが多いですが、マニュアルを通じて自分の案件で育てられれば比較的低単価で良い成果物を得ることが可能です。また、ワーカーの中には育ててくれたクライアントに恩を感じて継続してくれる人もいます。発注側から先にGIVEするという点でも有効です。

： ②OK事例、NG事例、添削事例

受注者の中には「スキルはあるけど意図を汲み取るのが苦手」という人もいます。マニュアルで意図を汲み取れる人が大半ですが、マニュアルでは伝えきれないニュアンスもあります。

それを伝えるのに効果的なのが「OK事例、NG事例、添削事例」を示すことです。過去の制作経緯を残しておき、マニュアルに組み込んでおきましょう。数が多過ぎると見るのに時間がかかるので、最大で10例ほどあれば十分です。

： ③よくあるミス集、質問集

ＮＧ事例や添削事例と似ていますが、よくあるミス集や質問集ではもう少し細かい内容を記載します。

マニュアルを用意していても、ミスや質問は発生するものです。ミスや質問があったら、適宜マニュアルに追記していきましょう。頻出項目は上位に記載しておくとわかりやすくなります。

10-3 ツールとルールで チームを管理しよう

　マニュアルが完成したら、チーム運営をして動画を作成していきましょう。フル外注化まであと一歩です。

　上手にチームを運営して、半自動収入を得るために必要な管理項目は次の3つです。

- 進捗管理
- 人員管理
- 金銭管理

　チーム運営管理に必要なのは「**ツール**」と「**ルール**」です。

　ツールはチャットや通話アプリなどです。ルールとは、ツールをどのように使うかを言語化したマニュアルです。

 チーム運営に必要なツールとルール

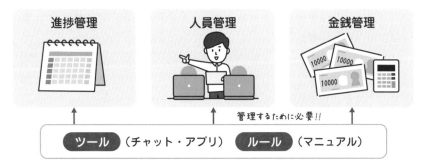

ツールごとの役割や使い方を理解し、チームでどのように使うかルールを定めましょう。非属人性YouTube運営で使う主なツールは次の通りです。

❶ 契約書
❷ チャットツール
❸ 通話アプリ
❹ 管理表
❺ クラウドストレージ
❻ ルールを言語化したマニュアル

❶ 契約書

契約書は、トラブルを防ぐために必要なツールです。労働条件や秘密保持について事前に契約を取り交わし、トラブルを未然に防ぐ目的で作成します。

取り交わす契約書は**「業務委託契約書」「秘密保持契約書」**です。いずれもネットで調べればひな形がたくさん見つかるので、ひな形を元に自分用に置き換えて作成しましょう。秘密保持契約書はクラウドソーシングサイト上でデフォルトのものを使用することも可能です。

契約を取り交わす際は、Zoomなどで通話しながらできればベストです。契約内容について口頭で説明した後、記名捺印をしてもらいます。

現在は、電子上で記名捺印できるサービスもいくつかあります。通話ができない場合は、そのようなサービスを使うのもいいでしょう。契約内容について解説した動画を作成しておくと、認識の齟齬が起き難くなります。

❷ チャットツール

ワーカーとコミュニケーションをとるのは主にチャットツールを用います。

主要なチャットツールは次のとおりです。

- チャットワーク（https://go.chatwork.com/ja/）
- Slack（https://slack.com/）
- Discord（https://discord.com/）

　どれも使えるようになっておいて損はないのですが、チーム管理で使うものは１つに絞っておきましょう。

　筆者の体感ではチャットワークを使っている人が多いです。Slackは通知が来ないといった不具合が多く、Discordは海外ツールのため日本人には扱いづらい印象です。

❸ 通話アプリ

　ワーカーと通話する際は、ZoomやSkypeなどを用います。

　なお、最近はチャットツールにも通話機能があるので、そちらを使用しても構いません。

　通話アプリは契約書の取り交わしや面談、実演を伴う技術指導などに使用します。画面共有機能が実装されているものを使用しましょう。Zoomが使えれば問題ありません。

　実演を伴う技術指導は、録画して配布したりマニュアルに組み込むことで意図を伝えやすくなります。何度も同じ説明をするのは時間の無駄なので、効率よく運営するためにも通話を録画する癖をつけておきましょう。

❹ 管理表

　チーム運営で主に使用する管理表は次の３種類です。

　これらは外に見せるものではなく、チーム運営に利用する内向きのものです。

① 作業進捗管理表
② 人員管理表
③ 金銭管理表

① 作業進捗管理表

作業進捗管理表で管理する項目は次の通りです。

- **管理番号**
- **参考動画情報**
- **タイトル**
- **サムネイル（キーワードのみでもOK）**
- **ワーカー名**
- **納期**
- **ステータス（制作待ち、進行中、確認中、修正中、完了等）**
- **完了月**

「管理番号」は動画を管理する上で設定する番号です。

「ワーカー名」以降は、台本や編集など各ポジションで項目を作成します。

作業進捗管理表を上記の項目にそって記載していれば、誰がいつ何の案件に着手しているかや、各案件の進捗がすぐに分かります。進捗を丁寧に管理していれば、ワーカーのリソースを効率よく使用できて無駄のない運営ができます。

また、ルールを徹底していればワーカーに「〇番お願いします」とチャットするだけで依頼が完了します。さらに、作業者自身が案件を選んで作業を開始するような運用も可能です。筆者はこれを「発注の自動化」と呼んでいます。

誰が作業しても同じ品質を保てる状態であれば、発注の自動化をしてもいいでしょう。ただし、実際は作業者のレベルに応じた案件発注をすることが多いので、運営者側で割り振りした方が高品質を保てます。

▶ 発注の自動化

：② 人員管理表

　チャンネルの規模が大きくなったり運営チャンネル数が増えると、全員の名前や採用条件等を覚えきれなくなります。

　人員管理表を使って外注先の情報を整理しておきましょう。人員管理表の主な管理項目は次の通りです。

- **チャットツールのアカウント名**
- **クラウドソーシングサイトのアカウント名**
- **クラウドソーシングサイトのプロフィールページリンク**
- **ポジション（台本、編集等）**
- **基本単価**
- **支払い方法**
- **メールアドレス**
- **評価**

　「メールアドレス」は、クラウド上で管理するマニュアルなどのデータの閲覧権限付与時に使用します。

　「評価」は、仕事の取り組み姿勢や技術面などです。

　人員管理はトラブル防止にも役立つので、丁寧に記入しておきましょう。

：③ 金銭管理表

　YouTubeは収益が大きくなりがちで、どんぶり勘定になる運営者も少なくありません。1人で運営していて黒字であれば問題ないのですが、共同運営者がいて利益配分計算をする必要があったり、チャンネル売却時などには

正確な数字が求められるので、普段から丁寧に管理しておきましょう。

金銭管理表の主な管理項目は次の通りです。

- **月商**
- **ワーカーごとの単価**
- **月ごとの納品数**
- **その他経費（振込手数料、ディレクターへの利益配分等）**

毎月きちんと計算して、チャンネルがどのくらい利益を出しているか確認しておきましょう。損切や売却の判断基準にもなります。

❺ クラウドストレージ

データ管理用のクラウドストレージの管理です。YouTube運営時は多くのデータを保管する必要があります。

YouTube運営で使用する主なデータは次のとおりです。

- **サムネイル画像ファイル**
- **台本**
- **マニュアル**
- **動画ファイル**
- **画像等の素材**
- **進捗管理表**

保管場所は「運営者のローカル環境」か「クラウドストレージ」かになると思いますが、外注を拡大したいならクラウドストレージをおすすめします。

後続工程へ素材を渡す際、途中のファイルが残っていれば修正が楽ですし、投稿作業を分担する場合も全データにアクセスできて便利だからです。

また、動画マニュアルやテンプレート素材をクラウドストレージに保存していれば、リンクを共有するだけで簡単に配布できます。

クラウドストレージを使う際に注意点もあります。

- 無料で保存できる容量に限界がある
- アップロードした人の容量を使用してしまう
- 誰でもアクセスできる状態だと不正利用される恐れがある

　「無料で保存できる容量に限界がある」については、有料プランにするか、定期的にローカル環境へデータを移動することで対応できます。有料プランといっても安いので負担にはならないはずです。

　データをローカルへ移動する際は、最低でも２か所以上の場所（ドライブ）に保存してください。１か所だけだとファイルを喪失した時に取り返しがつかなくなるからです。

　「アップロードした人の容量を使用してしまうこと」を防ぐには、データのアップロードは運営担当者が行うか、作業者がアップロードしたデータを定期的にコピーして、コピー元を削除することで解決します。この場合よく使うのは「**ギガファイル便**」（https://gigafile.nu/）のように期間限定でデータをやり取りできるサービスでデータを送信してもらい、データを受け取った運営側でクラウドストレージに保存する方法です。

　クラウドストレージは「**ドロップボックス**」（https://www.dropbox.com/）か「**Googleドライブ**」（https://www.google.com/intl/ja_jp/drive/）の２強です。最近はGoogleドライブを使用している人が多い印象なので、特にこだわりがなければGoogleドライブを使用しましょう。

❻ ルールを言語化したマニュアル

　最後に、ルールを言語化したマニュアルを作成します。
　必要な項目は次の通りです。

- ① 組織体制
- ② 案件開始の合図、納期の目安
- ③ 提出方法、提出場所
- ④ 報酬支払い方法
- ⑤ 質問先
- ⑥ 昇格について

：① 組織体制

チームが小規模であれば必要ありませんが、作業工程が複雑だったり、質問先が分散していたりする場合は、組織体制を記載しておいた方がいいでしょう。

基本的には不要な場合が多いので、必要であれば書くという認識で大丈夫です。筆者は、ワーカーに昇格を意識させたいときに説明することが多いです。

：② 案件開始の合図、納期の目安

「案件開始の合図」とは、次のような形です。

- チャット上でタスク機能を使って依頼すると案件開始
- 内容の詳細（タイトルやプロット等）は進捗管理表に記載

全員が理解できるよう平易なルールにして、動画マニュアルも使用しながら丁寧に説明してください。

「納期」は、採用時に決めた納期を基準として、実際に納品可能な日数を定めておきましょう。

筆者は基本的にどの工程も3日を目安として、それよりも長くする場合はチャットで報告を受け承認する流れにしています。

：③ 提出方法、提出場所

「提出方法、提出場所」とは、納品データの提出方法と提出場所を記したものです。次のように、自身が管理しやすい方法や場所を指定してください。

- 提出方法は、ギガファイル便で保持期限を100日に変更してリンクを提出
- 提出場所は、進捗管理表とチャット両方

：④ 報酬支払い方法

「報酬支払い方法」は、クラウドソーシングサイトを使用していれば記載

の必要はありませんが、銀行振り込みの場合は必ず記載してください。

　記載項目は主に次の7つです。

- 締め日
- 請求書提出先
- 請求書ひな形
- 消費税、振込手数料、源泉徴収、インボイスの考え方
- 支払い予定日
- 請求書提出期限
- 請求先名

　お金に関わることなので、特に注意して記載する必要があります。

　特に注意が必要なのは「消費税、振込手数料、源泉徴収の考え方」です。次のような点に注意します。

- 伝えている報酬額は税込みか税抜きか
- 振込手数料はどちらが負担するか
- 源泉徴収をするかしないか
- インボイス登録していない場合の扱い

　源泉徴収については、こちらが法人でなければ不要なので記載の必要はありません。

⑤ 質問先

　チームが大きくなると複数の役職や役割が必要になる場合があり、質問先が次のように分かれる可能性があります。

- 技術的な内容はアシスタントディレクターへ
- 採用や継続、運営や昇格についてはディレクターへ
- 支払いについては運営者へ

　こちらは運営状況に合わせて検討してください。

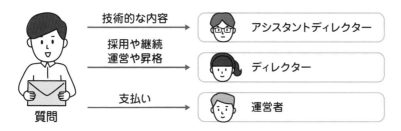

質問先

技術的な内容 → アシスタントディレクター
採用や継続 運営や昇格 → ディレクター
支払い → 運営者
質問

⑥ 昇格について

　チームの規模が大きくなれば階層構造になり、必然的に新しい上下ライン
の役職も生まれます。昇格が発生する場合もあるので、内容を記載します。

　ワーカーの中には単価アップやスキルアップを目的に昇格を希望する人も
いるので、昇格について記載することでモチベーションアップにもつながり
ます。

　運営側としても高いモチベーションで働いてもらえると嬉しいですし、上
の役職は常に人材不足です。昇格は互いにメリットが大きいので、特にこだ
わりがなければその道があることを明示しておきましょう。

　昇格条件を記載しておくとワーカーのパフォーマンスが良くなる傾向があ
ります。例えば次のような条件です。

- **即レスを重視する**
- **作業者として一定のスキルを有している**
- **コミュニケーションコストは低い方がいい**

　昇格のメリットを提示しておくことで、昇格に興味がなかった作業者も意
識し始める可能性があります。ぜひ、昇格することを魅力的に書いてみてく
ださい。

特典ダウンロードについて

　本書をご購入いただいた方に特典（付録PDF）をご用意しています。本書とあわせて特典PDFをお読みいただくことで、顔出しなしYouTube運営に一層役立てられる内容になっています。

　特典ファイルの展開にはパスワードが必要です。パスワード付きZIPファイルを展開できる圧縮・展開ソフトでダウンロードしたファイルを開き、次のパスワードを入力してください。

ダウンロードページ

http://www.sotechsha.co.jp/sp/2128/

パスワード

tokumeiyoutube

めざせ月商100万円
YouTubeで稼げる本

2024年5月15日　第1刷発行

著　者	たっしー
装　丁	広田正康
発行人	柳澤淳一
編集人	久保田賢二
発行所	株式会社　ソーテック社
	〒102-0072　東京都千代田区飯田橋4-9-5　スギタビル4F
	電話（注文専用）03-3262-5320　FAX03-3262-5326
印刷所	図書印刷株式会社

©2024 tassy_youtube
Printed in Japan
ISBN978-4-8007-2128-0